UTE WILHELMSEN

Basic

Wald

126 ARTEN
einfach
und sicher
erkennen

KOSMOS

Schnell zur richtigen Art mit dem **KOSMOS-FARBCODE**

MIT DEM KOSMOS-FARBCODE findest du dich ganz leicht in diesem Naturführer zurecht. Die Arten, die dir im Wald begegnen, sind zu Gruppen zusammengefasst – vom Säugetier über Vögel, Amphibien und Reptilien, Wirbellose über Bäume und Sträucher sowie Blumen bis hin zu den Pilzen, Moosen, Flechten und Farnen. Zur Orientierung im Buch ist jeder dieser Gruppen eine Farbe zugeordnet. Schau also erst hier, zu welcher Gruppe die Art gehört, die du bestimmen möchtest, und blättere dann mithilfe des Farbcodes weiter zu den Seiten, auf denen die Arten dieser Gruppe beschrieben sind.

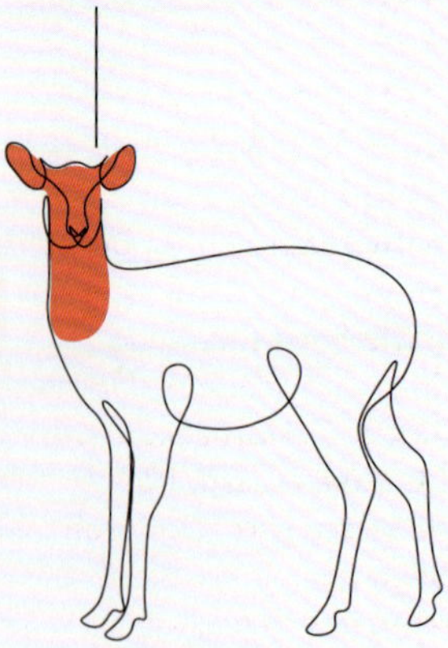

SEITE 6 BIS 21

Säugetiere

Die größten Tiere im Wald gehören zu den Säugetieren. Doch Hirsche, Wildschweine, Wölfe oder Füchse lassen sich nur schwer beobachten. Auffälliger und häufiger sind kleinere Arten wie Eichhörnchen oder verschiedene Mäuse.

→ Alle Säugetiere tragen ein Fell und besitzen ein stützendes Skelett mit Wirbelsäule und vier Gliedmaßen. Auch der Mensch zählt zu den Säugetieren.

KURZINFO
Der Farbbalken hilft bei der Navigation durch das Buch.

SEITE 22 BIS 51

Vögel

Die Vögel des Waldes machen durch ihren Gesang oder charakteristische Rufe auf sich aufmerksam. Wer nach oben schaut, entdeckt sie in Bäumen oder im Strauchdickicht.
→ Typisch sind ihr Federkleid und ihr Schnabel, der ganz unterschiedlich geformt ist – je nachdem ob kleine Insekten, Früchte und Nüsse oder Mäuse und Aas auf ihrem Speiseplan stehen. Die Vordergliedmaßen der Vögel sind zu Flügeln umgebildet.

Mit Federkleid, Flügeln und Schnabel

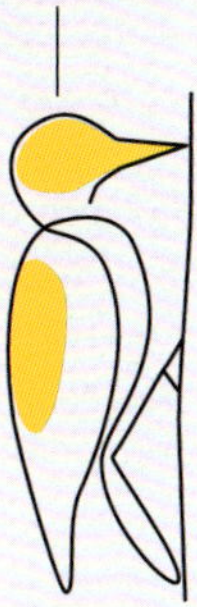

SEITE 52 BIS 57

Amphibien und Reptilien

Amphibien wie Frösche und Kröten haben eine feuchte, drüsige Haut und brauchen Wasser zum Leben. Ihre Larven entwickeln sich zunächst in Tümpeln oder Seen.
→ Reptilien wie Schlangen und Eidechsen haben eine trockene Haut mit einer Schicht aus Hornschuppen. Sie verhindert, dass Wasser über die Haut abgegeben wird. Dadurch können Reptilien auch in trockenen, heißen Gebieten überleben.

Amphibien mit feuchter, drüsiger Haut

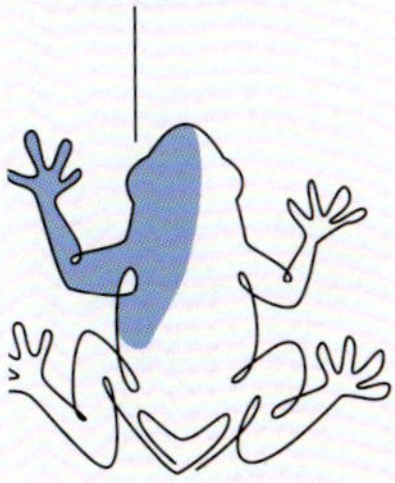

SEITE 58 BIS 81
Wirbellose

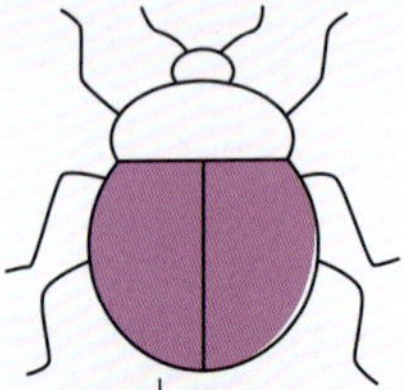

Insekten besitzen einen Chitinpanzer

In den großen Sammeltopf der wirbellosen Tiere gehören die vielfältigen Insektengruppen wie Käfer, Schmetterlinge oder Ameisen genauso wie Spinnen, Tausendfüßer, Schnecken und Würmer.
→ Sie alle werden den Wirbeltieren gegenübergestellt. Ihre Artenvielfalt ist immens, ebenso ihre Bedeutung für die Ökologie des Waldes. In einem gesunden Waldboden wimmelt und krabbelt, wühlt und gräbt eine Heerschar von Wirbellosen.

SEITE 82 BIS 97
Bäume und Sträucher

Die Bäume sind das Kennzeichen des Waldes und sie prägen den Lebensraum für die anderen Tier- und Pflanzenarten des Waldes.
→ Laubwald, Misch- und Nadelwald bieten jeweils unterschiedliche Lebensbedingungen für weitere Waldbewohner. Typisch für Bäume und Sträucher ist, dass Teile der Pflanze verholzt sind.

gegliedert in Wurzelwerk, Stamm und Krone

häufig große, bunte Blüten

SEITE 98 BIS 109

Blumen und Gräser

Typisch für eine Blume sind ihre Blüten, die sehr schön und auffällig sein können, wie bei Maiglöckchen, Schlüsselblume oder Scharbockskraut.
→ Gräser hingegen haben oft unauffällige, einfache Blütenstände, lange, dünne Halme und parallelnervige, lange Blätter.

SEITE 110 BIS 121

Farne, Moose, Flechten, Pilze

Die Farne bilden zur Vermehrung – ebenso wie Moose, Flechten und Pilze – keine Blüten aus, sondern vermehren sich mit Sporen. Daher werden sie den Samenpflanzen gegenübergestellt.
→ Pilze sind weder Pflanze noch Tier, sondern bilden ein eigenes Reich mit einer großen Artenvielfalt.

Hutpilze mit typischem Hut und Stiel

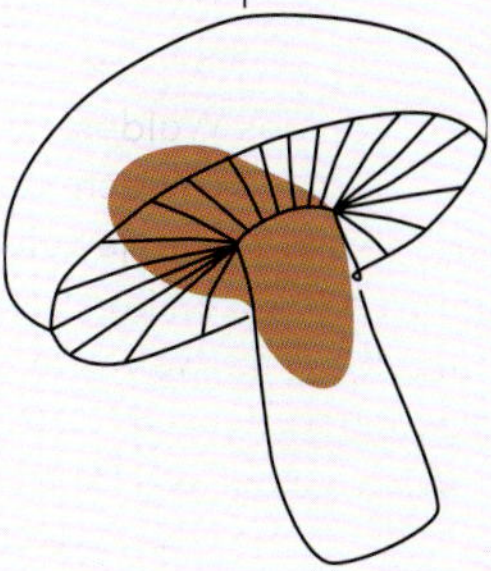

SÄUGETIERE schneller bestimmen

Säugetiere versorgen ihren Nachwuchs mit Milch, die in den Milchdrüsen der Weibchen produziert wird. So erhalten Neugeborene ohne viel Aufwand eine fett- und nährstoffreiche Nahrung und können schnell wachsen. In der Regel tragen Säugetiere ein Fell aus Haaren und halten ihre Körpertemperatur konstant, sodass sie relativ unabhängig von der Umgebungstemperatur sind. Ihr Gebiss besteht aus verschiedenen spezialisierten Zahntypen. Sowohl die Anzahl als auch der Bau der Zähne spiegeln die Ernährungsweise der Säugetiere wider.

Ein Säugetier erkennst du eindeutig daran, dass es ein Fell trägt.

↓

In diesem Kapitel sind die Säugetiere nach ihrer Ernährungsweise unterteilt.

↓

Blättere direkt zu der Seite, ab der die passenden Arten beschrieben sind.

AB SEITE 8

Pflanzenfresser

Viele Säugetiere sind reine Pflanzenfresser wie die Rehe und Hirsche. Sie fressen Gras, Kräuter, junge Triebe, Früchte, Pilze oder Baumrinden. Rehe und Hirsche sind Wiederkäuer, die ihre Nahrung erst verdauen können, nachdem sie sie hochgewürgt und ein zweites Mal zerkaut haben.

→ Wildschweine hingegen sind Allesfresser. Sie ernähren sich von Früchten, Samen, Bucheckern und Eicheln ebenso wie von Insekten und Würmern, kleinen Nagetieren, Pilzen und Wurzeln. Ihre Nahrung finden sie mithilfe ihres hervorragenden Geruchssinns.

AB SEITE 14

Raubtiere

Die landlebenden Raubtiere ernähren sich überwiegend vom Fleisch anderer Wirbeltiere, die sie im Sprung oder aus dem Lauf heraus mithilfe von scharfen Krallen und einem kräftigen Gebiss ergreifen. Zu den Raubtieren gehören Wölfe, Füchse und die Marder.

AB SEITE 20

Nagetiere

Das wichtigste gemeinsame Merkmal der Nagetiere sind ihre beständig nachwachsenden Nagezähne, von denen jeweils zwei im Ober- und Unterkiefer sitzen. In diese artenreiche Gruppe gehören beispielsweise Eichhörnchen, Mäuse, Murmeltiere, Hasen und Hamster.

→ Obwohl es zu den Nagetieren gehört, ist das Eichhörnchen ein Allesfresser, dessen abwechslungsreicher Speiseplan je nach Jahreszeit stark variiert. Ein Großteil der Nahrung besteht aus Nüssen, Früchten sowie Samen. Daneben werden auch wirbellose Tiere, Vogeleier und Jungvögel gefressen.

Sympathieträger: Rehkitz mit charakteristischen weißen Tupfen →

Reh

Capreolus capreolus

Größe Bis 75 cm hoch
Merkmale Besonders schlanke und grazile Hirschart. Sommerfell fuchsrot mit gelblich weißem Fleck am Hinterteil (Spiegel). Winterkleid graubraun mit leuchtend weißem Spiegel. Rehkitze in den ersten zwei Lebensmonaten weiß getupft. Geweih der männlichen Rehe vergleichsweise klein.
Nahrung Im Sommer Gras, Kräuter, Früchte, Pilze. Im Winter Knospen und Baumrinden.
Vorkommen Laub- und Mischwälder, auch in Kulturlandschaften mit Hecken, Waldrändern, Feldern und Wiesen weit verbreitet.

Das Reh ist die in Europa häufigste und kleinste Art der Hirsche. Vor allem die jungen, weiß gepunkteten Rehkitze sind mit ihren großen „Rehaugen“ echte Sympathieträger.

↑ Reh-Spur: Trittsiegel länglich herzförmig, max. 5 cm lang

↑ Männliche Tiere tragen ein kurzes Geweih

Rehe sind sehr anpassungsfähig und gehören zu den Gewinnern in unserer Kulturlandschaft. Ihre Hauptfeinde sind streunende Hunde und Autos auf unserem extrem dichten Straßennetz. Eine große Gefahr für die jungen Rehkitze sind landwirtschaftliche Mähmaschinen. Sie können im Mai und Juni, wenn das Grünland gemäht wird, noch nicht vor nahenden Maschinen flüchten und werden von den Messern verstümmelt und getötet. Abhilfe schafft ein späterer Mähtermin im Juli.

→ TYPISCH Rehe haben einen ausgeprägten Geruchssinn. Sie können einen Menschen auf mehr als 300 m Entfernung wittern. Bei Beunruhigung suchen sie mit wenigen schnellen Sprüngen Deckung im dichten Unterholz oder Gebüsch.

Hirschkühe tragen kein Geweih →

Rothirsch

Cervus elaphus

Größe Bis 130 cm hoch
Merkmale Fell im Sommer rotbraun, im Winter graubraun, männliche Tiere mit mächtigem Geweih.
Nahrung Gras, aber auch Kräuter, Getreide, Beeren, Pilze und Waldfrüchte wie Bucheckern, Kastanien und Eicheln. Schält Rinde von Bäumen.
Vorkommen Laub- und Mischwaldgebiete, braucht große zusammenhängende Gebiete und wird daher durch die Zersiedlung der Landschaft beeinträchtigt.

→ TYPISCH Die größte heimische Hirschart beschert uns im Herbst ein besonderes Spektakel: Durch die Waldesstille röhren die Brunftschreie der männlichen Rothirsche. Sie werben um die Weibchen und versuchen ihre Gegner einzuschüchtern. Wenn alles Röhren nicht hilft, kommt es zum Kampf. Außerhalb der Brunftzeit leben die Hirschkühe mit den Jungtieren in Rudeln getrennt von den Hirschen.

Hirschkühe ohne Geweih, kleiner als die männlichen Tiere →

Damhirsch

Cervus dama

Größe 80–100 cm hoch
Merkmale Färbung variabel mit hellen Flecken, die Männchen von August bis April mit meist schaufelartigem Geweih.
Nahrung Gräser, Kräuter, Blätter, Pilze, junge Triebe, Kastanien, aber auch Baumrinde.
Vorkommen Waldgebiete, auch in Wald-Feld-Mosaiklandschaften verbreitet, zum Teil isolierte, eng begrenzte Vorkommen.

→ TYPISCH Damwild eignet sich besser als andere Hirscharten zur Haltung in Gehegen, die Tiere sind sehr verträglich und zutraulich. Im Sommer leben Rudel getrennt nach Geschlechtern. Im Herbst zur Brunft treffen sie sich und bleiben den Winter über bis zum Frühjahr zusammen. Der Brunftruf ist höher als der des Rothirschs.

Männliche Tiere haben hervor-
stehende Eckzähne →

Wildschwein

Sus scrofa

Größe 80–95 cm hoch
Merkmale Gedrungener, massiger Körper, keilförmiger Kopf, kräftiger Rüssel mit breiter Rüsselscheibe, dichtes borstiges schwarzbraunes Fell. Männliche Tiere mit hervorstehenden Eckzähnen im Unterkiefer. Jungtiere mit typisch gestreiftem Fell.
Nahrung Wurzeln, Samen, Früchte, Pilze, Würmer, Schnecken, Aas, Feldfrüchte.
Vorkommen Laub- und Mischwälder mit morastigen Gebieten, die Suhlen für ihr Schlammbad bereithalten (Haut- und Fellpflege).

Das Wildschwein ist die Stammform der Hausschweine. Weibliche Tiere heißen „Bachen", männliche Tiere „Keiler". Die Tiere leben gern in feuchten Laubmischwäldern und durchwühlen den Waldboden nach Fressbarem. Weil aber

↑ Wildschweine brauchen Suhlen für die Fell- und Hautpflege

↑ Bilden Familienverbände: Bache mit Jungtieren – den „Frischlingen“

die Wälder rar und die Äcker immer größer geworden sind, tauchen die anpassungsfähigen Allesfresser auch auf Mais-, Kartoffel- oder Getreidefeldern auf und können erhebliche Schäden anrichten. Wildschweine sind echte Gewinner in unserer Kulturlandschaft und haben sich trotz Bejagung kräftig vermehrt. Damit nehmen auch die Konflikte mit den schlauen und vielseitigen Tieren zu, die von den Ostseeinseln bis in die Voralpen verbreitet sind und auch vor unseren Gärten nicht haltmachen.

→ TYPISCH Wildschweine profitieren von dem zunehmenden Anbau von Mais. In den Maisfeldern finden sie alles, was sie brauchen: Nahrung, Deckung, Schutz vor Wind und Wetter. Passt die Nahrungsgrundlage, steigt die Vermehrungsrate automatisch an. Sogar die Jungtiere (Frischlinge) können dann schon im ersten Lebensjahr geschlechtsreif werden.

Jungfüchse verlassen nach einem Monat erstmals den Bau →

Rotfuchs

Vulpes vulpes

Größe 30–40 cm hoch
Merkmale Pelz meist rotbraun, mit langem, buschigem Schwanz (Lunte).
Nahrung Kleinvögel, Mäuse, Regenwürmer, Insekten, Frösche, Obst.
Vorkommen Wälder und Parklandschaften. Sehr anpassungsfähig, nutzt viele verschiedene Lebensräume.

→ TYPISCH Der sprichwörtlich schlaue Fuchs ist erfolgreich allen Versuchen ihn auszurotten entkommen. Im Schutz der Dunkelheit durchstreift er nicht nur Wälder, um Mäuse zu jagen, sondern auch Parks mitten in der Großstadt, um Mülltonnen zu inspizieren. Tagsüber und zur Aufzucht der Jungen zieht er sich in seinen unterirdischen Bau zurück. Er nutzt dazu gern auch Dachsbauten.

Wölfe verständigen sich durch ihr typisches Heulen →

Wolf

Canis lupus

Größe 65–80 cm hoch
Merkmale Fell graubraun, ähnelt einem kräftigen, hochbeinigen Schäferhund.
Nahrung Wölfe jagen Hirsche, Elche, Wildschweine, aber auch kleinere Säuger wie Feldhasen und Wildkaninchen.
Vorkommen Große Wälder, Steppen- und Moorgebiete, Gebirgsregionen.

→ TYPISCH **Auch wenn sie im Märchen immer die Rolle des Bösen spielen: In der Natur sind Wölfe sehr vorsichtig und meiden die Menschen normalerweise. In West- und Mitteleuropa waren sie fast vollständig ausgerottet, doch seit Ende des 20. Jahrhunderts stehen die Tiere in vielen Ländern unter Schutz und die Bestände erholen sich. Wölfe leben im Familienverband, dem Rudel, und beanspruchen große Reviere.**

Geräumiges Höhlensystem: Dachsbauten haben mehrere Ein- und Ausgänge →

Dachs

Meles meles

Größe 70–90 cm lang
Merkmale Gesicht auffallend schwarz-weiß gezeichnet, plumpe Gestalt, kräftige Vorderpfoten mit langen Krallen (Grabschaufeln).
Nahrung Obst, Wurzeln, Beeren, Samen, Pilze, aber auch Würmer, Schnecken, Mäuse und Insekten.
Vorkommen Laub- und Mischwälder in Wassernähe, gern mit viel Unterholz. Heute wieder weit verbreitet.

→ TYPISCH Der Dachs kommt erst in der Dämmerung aus seinem unterirdischen Bau heraus und ist vor allem nachts aktiv. Die „Dachsburgen“ sind weit verzweigte Gangsysteme mit mehreren Ein- und Ausgängen und geräumigen Höhlen auf mehreren Etagen. Sie werden von Familiengemeinschaften bewohnt und über Generationen weitervererbt.

Die Jungtiere werden in einer Baumhöhle geboren →

Baummarder

Martes martes

Größe 80–85 cm lang
Merkmale Fell braun mit gelben Kehlfleck, etwa katzengroß mit buschigem Schwanz.
Nahrung Kleinsäuger, Vögel, Insekten, aber auch Beeren.
Vorkommen Laub- und Mischwaldgebiete mit altem Baumbestand, auch in Parks. Seltener als der Steinmarder.

→ TYPISCH Der Baummarder ist meist nachts unterwegs. Er kann gut klettern und bis zu 4 m weit von Baum zu Baum springen. So gehört er zu den wenigen Tieren, die sogar ein flinkes Eichhörnchen fangen können. Der Baummarder ist im Gegensatz zum Steinmarder eher scheu, Letzterer kann uns als Poltergeist auf dem Dachboden begegnen. Er zerbeißt gern Kabel und legt auf diese Weise Autos lahm.

Bei den wagemutigen Sprüngen fungiert der Schwanz als Steuerrunder →

Eichhörnchen

Sciurus vulgaris

Größe 15–20 cm lang
Merkmale Rotbraun, im Winter braun mit langen Ohrbüscheln.
Nahrung Samen, Triebe, Knospen von Bäumen.
Vorkommen Nadel- und Mischwälder. Auch in Gärten und Parks lassen sich die gewandten Kletterer beobachten.

→ TYPISCH Besonders auffällig ist der buschige Schwanz. Er fungiert beim Springen als Steuerruder und beim Klettern als Gegengewicht. Eichhörnchen brauchen Bäume, die ihnen Nahrungsgrundlage sowie einen Platz zum Schlafen und zur Jungenaufzucht bieten. In den Baumkronen bauen sie kugelförmige Nester (Kobel). Im Herbst werden Eicheln und Nüsse als Wintervorrat vergraben. Konkurrenz bekommt das Eichhörnchen von dem aus Nordamerika stammenden Grauhörnchen, das sich in Europa zu etablieren beginnt. In Großbritannien hat es das Eichhörnchen schon weitgehend verdrängt.

Lebt meist unterirdisch, orientiert sich mit Tasthaaren und Geruchssinn →

Waldspitzmaus

Sorex araneus

Größe 6–8 cm lang
Merkmale Schnauze lang und spitz, Augen winzig, Ohren im Fell versteckt.
Nahrung Insekten, Würmer, Spinnen, Schnecken und Aas.
Vorkommen Wälder, Wiesen, Hecken, Moore und Sümpfe, auch in der Verlandungszone von Seen und Teichen.

→ TYPISCH Der Name trügt: Die Waldspitzmaus ist gar keine Maus, sondern eine nahe Verwandte des Igels. Die winzigen Säuger haben einen sehr hohen Energiebedarf. Während der Wintermonate verliert die Waldspitzmaus fast ein Fünftel ihres Körpergewichts. Sogar ihr Schädel, ihre Knochen und ihre Organe schrumpfen. Dadurch spart sie Energie, um in den kargen Wintermonaten überleben zu können. Im Frühjahr verdoppelt sie ihr Gewicht dann wieder.

Typisch Wühlmaus: baut unterirdische Nester mit weitläufigem Wegenetz →

Rötelmaus

Clethrionomys glareolus

Größe 7–13 cm lang
Merkmale Oberseite rostbraun, Unterseite und Füße weiß, kurzer borstiger Schwanz.
Nahrung Gräser, Wurzeln, Nüsse, Pilze, Baumrinde sowie Insekten.
Vorkommen Waldränder, Feldgehölze, Hecken, Gärten und Parks. Im Winter auch in Gebäuden.

→ TYPISCH Sie ist die häufigste Wühlmaus unserer Wälder und legt ein Netzwerk aus ober- und unterirdischen Gängen und Tunneln an. Auch am Tage lässt sich die wenig scheue Rötelmaus beobachten. Ein Weibchen bringt vier- bis fünfmal im Jahr je 3–7 Junge zur Welt. Daher kann sich die Art stark vermehren, wenn es genug zu fressen gibt. Davon profitieren wiederum ihre Fressfeinde, der Waldkauz und der Baummarder.

SÄUGETIERE

❶ Waldmaus

Apodemus sylvaticus

STECKBRIEF 7–10 cm lang • Schwanz fast körperlang; sehr große Augen und Ohren • Scheuer Einzelgänger, hauptsächlich nachts aktiv • Klettert und springt bis zu 80 cm weit • Waldränder, Feldgehölze, Parks, Gärten • Frisst Samen, Früchte, Insekten, Würmer und legt Wintervorräte an.

❷ Haselmaus

Muscardinus avellanarius

STECKBRIEF 7 cm lang • Fell gelblich braun, Schwanz buschig • Keine echte Maus, sondern nachtaktives Nagetier aus der Familie der Bilche, verwandt mit dem Siebenschläfer • Sehr scheu und dämmerungsaktiv • In Wäldern und Hecken • Geschickter Kletterer • Winterschlaf von Oktober bis April.

VÖGEL schneller bestimmen

Auch wenn nicht alle Vögel fliegen können, sind sie doch durch ihre Flügel und die Federn gekennzeichnet, die ihren Körper bedecken. Auch ihr Schnabel ist ein gemeinsames Merkmal. Wie die Säugetiere halten auch die Vögel ihre Körpertemperatur konstant. Im Vergleich zu anderen Wirbeltiergruppen ist das Vogelskelett leicht gebaut und enthält hohle Knochen, um das Fliegen zu erleichtern.

Vögel zeichnen sich durch Flügel und Federn aus.

↓

Aufgrund ihres Körperbaus und ihrer Lebensweise kann man sie in verschiedene Gruppen unterteilen.

↓

Blättere direkt weiter zu der Seite, ab der die passenden Arten beschrieben sind.

AB SEITE 24

Spechte und Kuckuck

Die Spechte sind für ihr lautes Trommeln bekannt und häufig an Baumstämmen zu beobachten, wo sie Insekten fressen, die in oder unter der Baumrinde leben. Spechte sind etwas größer als die Singvögel und nicht mit diesen verwandt.

→ Die Kuckucke sind dafür bekannt, dass sie ihre Eier nicht selbst ausbrüten, sondern in das Gelege von anderen Vogelarten legen.

AB SEITE 29

Greifvögel und Eulen

Greifvögel und Eulen sind nicht miteinander verwandt, haben aber übereinstimmend einen kurzen, kräftigen Hakenschnabel zum Aufreißen ihrer Beutetiere sowie kräftige Beine mit scharfen Krallen.

⟶ Während die Eulen nachts jagen und daher große Augen und große, empfindliche Ohren haben, sind die Greifvögel tagsüber aktiv und können mit ihrem scharfen Blick Beutetiere auch aus großer Höhe orten.

AB SEITE 33

Singvögel

Das besondere Kennzeichen der Singvögel ist ihr mehr oder weniger ausgeprägter Gesang. Die meisten Singvögel sind recht klein, also etwa so groß wie eine Meise oder Amsel. Die Beine sind meist kurz. Auch die Schnäbel sind kurz und variieren je nach Ernährungsweise in ihrer Form – schmal bei Insektenfressern, dick bei Körnerfressern.

⟶ Eine Ausnahme unter den Singvögeln sind die Krähenvögel. Sie sind deutlich größer als ihre Verwandten und ihren „Gesang" nehmen wir als wenig melodiöses Krächzen wahr.

Spechtschmiede: der Specht frisst die Samen aus dem eingeklemmten Zapfen →

Buntspecht

Dendrocopus major

Größe 23–26 cm
Merkmale Meißelförmiger Schnabel, schwarz-weiße Flügel, tiefrote Unterschwanzdecken. Männchen mit rotem Scheitelfleck.
Nahrung Verschiedene Insekten, Samen von Laub- und Nadelbäumen (Zapfen, Nüsse und Bucheckern).
Vorkommen Wälder, Feldgehölze, Gärten und Parks. Häufige Art, regelmäßiger Gast an Futterhäuschen.

Der Buntspecht ist in deutschen Wäldern flächendeckend verbreitet. Wenn es einen Park mit ein paar älteren Bäumen gibt, findet man ihn auch in der Großstadt. Am liebsten sind dem Specht alte Bäume mit viel Totholz. Hier findet er ausreichend Nahrung und einen hohlen Baum als „Verstärker" für sein Trommeln. Der „Zimmermann" des Waldes

↑ Die Bruthöhle wird mit dem kräftigen Schnabel ins weiche Holz gehackt

↑ Waldameisen sind eine begehrte Beute

hackt seine Bruthöhlen in Baumstämme hinein. Dafür wählt er bevorzugt weiche Holzarten und morsche alte Bäume. Er frisst vor allem die Larven von Holz bewohnenden Käfern sowie von Schmetterlingen. Dabei hilft ihm auch seine lange Zunge, die er 40 mm weit vorstrecken kann. In seinen sogenannten Spechtschmieden klemmt er Zapfen in Rindenspalten ein und meißelt sie auf, um an die nahrhaften Samen zu kommen. Unter einer Spechtschmiede sammeln sich die leeren Kiefern- und Fichtenzapfen an.

→ TYPISCH Wenn im Wald ein lauter Trommelwirbel erklingt, findet man meist schnell den zugehörigen Buntspecht an einem Baumstamm sitzend. Sein schnelles Trommeln ist über weite Strecken zu hören. Bei der Balz trommeln Männchen und Weibchen abwechselnd.

Spur der Nahrungssuche: zerhackter Baumstubben

Schwarzspecht

Dryocopus martius

Größe 45–57 cm
Merkmale Gefieder schwarz mit rotem Scheitel und hellem Schnabel.
Nahrung Ameisen, Käfer und andere Insekten, auch Spinnen und Schnecken.
Vorkommen Waldgebiete mit alten Bäumen, vor allem in Buchenwäldern. Nur lokal verbreitet, im Norden selten.

→ **TYPISCH** **Der Schwarzspecht ist der größte heimische Specht und er trommelt am lautesten. Sein Trommelwirbel dauert nur 2 Sekunden, besteht aber aus über 30 Einzelschlägen. Mit dem Trommeln markiert der Specht sein Revier. Um seine Nisthöhle in einen dicken Baumstamm zu zimmern, braucht der Schwarzspecht einen knappen Monat. Mit seinem kräftigen Schnabel hackt er Insekten und deren Larven aus dem Holz. Er vertilgt auch die gefürchteten Borkenkäfer.**

Ein Nestling wird in der Bruthöhle gefüttert →

Grünspecht

Picus viridis

Größe 45–51 cm
Merkmale Gefieder überwiegend grün, mit rotem Scheitel, dunklem Gesicht und heller Unterseite.
Nahrung Sucht am Boden nach Ameisen, ihren Larven und Puppen. Frisst auch andere Insekten, Regenwürmer und Früchte.
Vorkommen In offenen Laub- und Mischwäldern, auf Obstwiesen und in Parks.

→ TYPISCH Der Grünspecht bewegt sich häufig und geschickter als die anderen Spechte am Boden, er ist daher auch als „Erdspecht“ bekannt. Auf dem Boden sucht er nach Ameisen, die er in ihren Gängen mit seiner 10 cm langen Zunge fängt. Auch auf Rasenflächen im Garten kann man ihn dabei beobachten.

Fremder Nestling: Teichrohrsänger füttert Kuckucks-Küken

Kuckuck

Cuculus canorus

Größe 32–26 cm
Merkmale Oberseite und Brust grau, Unterseite gebändert.
Nahrung Frisst vor allem Schmetterlingsraupen und andere Insekten.
Vorkommen Wälder und Feldgehölze, aber auch in Sumpf- und Dünenlandschaften. Verbringt die Wintermonate in Afrika.

→ TYPISCH Jedes Kind kennt seinen Ruf und Lieder besingen ihn als Frühlingsboten: Aber wer weiß schon, wie der zugehörige Vogel aussieht? Der Kuckuck ist grau und eher unscheinbar. Einzigartig in unserer Vogelwelt ist aber, dass der Kuckuck seine Eier in fremde Nester legt. Seine Stiefgeschwister befördert der junge Kuckuck aus dem Nest und seine Zieheltern müssen hart arbeiten, um ihn satt zu bekommen.

Mit seinen kurzen runden Schwingen ist der Sperber besonders wendig →

Sperber

Accipiter nisus

Größe 29–41 cm
Merkmale Weibchen unterseits mit grauer, Männchen mit rotbrauner Bänderung.
Nahrung Macht Jagd auf Kleinvögel, auch auf kleine Säugetiere.
Vorkommen Sperber brüten gern in Fichtenforsten, jagen aber vor allem in Hecken- und Buschlandschaften, im Winter sogar in Dörfern und im Stadtrandbereich.

→ TYPISCH Der Sperber ist etwa so groß wie eine Krähe und der Schrecken unserer Singvögel. Er kommt pfeilschnell und plötzlich aus seiner Deckung hervorgeschossen und jagt Spatzen, Finken und andere kleine Vögel. Dass in der Nähe ein Sperber lauert, erkennt man daher an den lauten und lang andauernden Alarmrufen der Singvögel.

Schwanz gerundet, an der Basis breiter als beim Sperber →

Habicht

Accipiter gentilis

Größe 49–64 cm
Merkmale Altvögel dunkel graubraun, unterseits gebändert, größer und kräftiger als Sperber.
Nahrung Erbeutet Kleinsäuger und Vögel.
Vorkommen Habichte brüten in Wäldern mit alten Baumbeständen und jagen in offener, buschreicher Landschaft.

→ TYPISCH Der eher scheue Habicht besitzt eine ausgezeichnete Jagdtechnik. So kann er in dichten Wäldern oder zwischen Gebäuden geschickte Manöver fliegen, während er seine Beute verfolgt. Er schlägt Tauben, Eichelhäher, Eichhörnchen oder Kaninchen. Seine Horste baut der Habicht nur auf hohen Bäumen, Weibchen und Nestlinge werden vom Männchen versorgt. Der Habicht wurde lange rücksichtslos verfolgt, mittlerweile erholen sich seine Bestände langsam wieder.

Schwanzende rund, breite Flügel →

Mäusebussard

Buteo buteo

Größe 46–58 cm
Merkmale Gefiederfärbung sehr variabel, breite Flügel, kurzer Hals und meistens breit gefächerter Schwanz.
Nahrung Kleine Säugetiere, Jungvögel, Frösche, Aas.
Vorkommen Wälder und offene Kulturlandschaft mit Baumgruppen.

→ TYPISCH Der Mäusebussard hält oft von einer Sitzwarte wie einem Zaunpfahl oder Telefonmast Ausschau nach seiner Beute. Er jagt vor allem Mäuse, wie der Name schon sagt, und zählt zu den häufigsten Greifvogelarten Deutschlands. Gerade in der Balzzeit kann man ihn oft auch hoch oben in der Luft kreisen sehen. Er baut seine Nester gern in hohen Bäumen wie Eichen oder Kiefern.

Gewölle: Speiballen aus unverdaulichen Nahrungsresten →

Waldkauz

Strix aluco

Größe 37–42 cm
Merkmale Kopf groß und rund ohne Federohren, grau- oder rotbraunes Gefieder mit Streifen oder Flecken.
Nahrung Jagt Mäuse, Wühlmäuse und andere Kleinsäuger, auch kleinere Vögel, Regenwürmer, Insekten und Amphibien.
Vorkommen Laubmischwälder mit altem Baumbestand, Parks, Gärten, auch mitten in Großstädten.

→ TYPISCH Der Waldkauz ist die häufigste heimische Eulenart. Er ist anpassungsfähig und ein vielseitiger nächtlicher Jäger, der Mäuse, Vögel und sogar Frösche jagt. Tagsüber zieht er sich in seine Baumhöhle zurück, in der das Weibchen auch seine Eier ablegt. Sein klangvoller Balzgesang wird in Krimis gern für nächtliche, spannungsgeladene Szenen eingesetzt.

Fliegender Sympathieträger: häufig in Gärten zu beobachten

Rotkehlchen

Erithacus rubecula

Größe 13–14 cm
Merkmale Brust leuchtend orangerot, Bauch weiß, Oberseite braun, Augen groß und dunkel.
Nahrung Insekten, Spinnen, Asseln, kleine Würmer und Schnecken.
Vorkommen Laubmischwälder und Nadelgehölze, auch in Parks und Gärten. Häufiger und weit verbreiteter Singvogel.

→ TYPISCH Der melodische Gesang des Rotkehlchens ist häufig auch in Gärten und Parks zu hören und erklingt vor allem früh morgens und abends. Mit seinen auffallend großen Augen kann das Rotkehlchen auch in der Dämmerung gut sehen. Seine Nester versteckt es in Gestrüpp oder Baumlöchern. Wer im Garten ein Beet umgräbt, hat oft ein Rotkehlchen an seiner Seite. Die zutraulichen Tiere suchen in der aufgeworfenen Erde nach Insekten und anderen Kleintieren.

Baut kugelige Nester in Höhlungen von Baumstämmen oder in Mauern →

Zaunkönig

Troglodytes troglodytes

Größe 9–10 cm
Merkmale Gefieder braun, viel kleiner als ein Spatz, Schwanz oft hochgestelzt.
Nahrung Insekten und Spinnen, im Winter auch Pflanzensamen.
Vorkommen Laub- und Mischwälder mit viel Unterholz, Parks und Gärten, auch an Gräben und Ufern.

→ TYPISCH Der Zaunkönig ist einer der kleinsten heimischen Vögel, dafür singt er aber lang anhaltend und lauthals schmetternd. Das Männchen baut jeweils mehrere kunstvolle, kugelige Nester an Baumwurzeln, von denen das Weibchen eines zum Brüten aussucht. Viele Männchen haben 2, manchmal sogar bis zu 4 Weibchen. Einzelne Zaunkönige verbringen auch den Winter bei uns und sind an Futterplätzen zu beobachten.

Sommergoldhähnchen: gelborange-schwarz-weiß gestreifter Kopf →

Wintergoldhähnchen

Regulus regulus

Größe 8–9 cm
Merkmale Gefieder graugrün mit gelb-schwarz gestreiftem Scheitel, rundliche Gestalt.
Nahrung Kleine Insekten und Spinnen.
Vorkommen Nadelwälder und Parks mit Nadelgehölzen, im Winter auch an Futterhäuschen.

→ TYPISCH Die Goldhähnchen sind die kleinsten Vögel Europas und wiegen nur 5 g. Ihr feiner, hoher Gesang liegt so nahe an der Obergrenze des menschlichen Hörvermögens, dass viele ältere Menschen ihn nicht mehr hören. Wintergoldhähnchen sind immer in Bewegung und suchen hängende Fichtenzweige nach kleinen Insekten ab. Ihre dickwandigen Nester bauen sie in den Zweigen von Nadelbäumen. Das sehr ähnliche Sommergoldhähnchen verbringt den Winter in wärmeren Gegenden.

Weibchen braun, Unterseite etwas heller →

Amsel

Turdus merula

Größe 24–29 cm
Merkmale Männchen schwarz mit gelbem Schnabel, Weibchen dunkelbraun mit gefleckter Kehle.
Nahrung Sehr vielseitig: Regenwürmer, Käfer, Ameisen und andere Kleintiere, auch Beeren.
Vorkommen Wälder mit viel Unterholz, in Wohngebieten häufig in Nadelholzhecken und dichten Ziersträuchern.

→ TYPISCH Die Amsel ist einer unserer bekanntesten Vögel. Sie ist eigentlich ein Waldbewohner, doch sie hat sich auch bestens an das Leben in der Stadt gewöhnt. Sie ist häufig in Hecken, Gärten und Parks zu sehen und dort ist auch ihr melodischer Gesang zu hören. Wenn sich eine Katze anschleicht, ertönt ihr Warnruf, der sich wie lautes Schimpfen anhört. Im Volksmund wird die Amsel auch Schwarzdrossel genannt.

Drosselschmiede mit Gehäuseresten von Schnirkelschnecken →

Singdrossel

Turdus philomelos

Größe 20–22 cm
Merkmale Oberseite braun, Unterseite heller mit Flecken.
Nahrung Regenwürmer, Insekten, Schnecken, Beeren und Früchte.
Vorkommen Nadelwälder, Parks und Gärten; baut stabiles Nest in Bäumen und Büschen, das mehrere Jahre benutzt wird.

→ TYPISCH Die Singdrossel ist kleiner und scheuer als die Amsel und an ihrem gefleckten Bauch leicht zu erkennen. Ihr Gesang besteht aus sehr unterschiedlichen Motiven, die fast immer wiederholt werden. Besonders gern frisst die Singdrossel Gehäuseschnecken, die sie auf einem Stein zertrümmert, um an das weiche Innere zu kommen. Dazu benutzt sie den gleichen Stein häufig mehrere Jahre lang („Drosselschmiede").

Das Weibchen unterscheidet sich vom Männchen nur durch die braune Kappe →

Mönchsgrasmücke

Sylvia atricapilla

Größe 13–15 cm
Merkmale Kopfplatte beim Männchen schwarz, beim Weibchen braun.
Nahrung Insekten, Beeren und Früchte.
Vorkommen Laub- und Nadelwälder mit Brombeergebüschen, Hecken, Gebüsche und Parks, häufiger Gartenvogel.

→ TYPISCH Ihren Namen bekam die Mönchsgrasmücke wegen ihrer schwarzen Kopfkappe, ansonsten ist der kleine Vogel eher unscheinbar gefärbt. Die Mönchsgrasmücke ist ein anpassungsfähiger und häufiger Brutvogel, der auch in unseren Gärten zu beobachten ist. Das Männchen baut mehrere Nester, um seine Auserwählte anzulocken. Hat sie sich für ihn und ein Nest entschieden, bauen es beide gemeinsam fertig.

38

❶ Waldlaubsänger

Phylloscopus sibilatrix

STECKBRIEF 11–13 cm • Oberseite grünbraun, gelbe Kehle und weißer Bauch • Oft hoch oben in den Baumkronen • Erbeutet auf Blättern lebende Insekten und Spinnen • Baut am Boden ein kugeliges Nest, das mit Flechten und Haaren ausgepolstert wird • Überwintert im tropischen Afrika.

❷ Zilpzalp

Phylloscopus collybita

STECKBRIEF 10–12 cm • Gefieder olivbraun • Singt lang und ausdauernd „zilp-zalp-zilp-zalp“ • Lebt in Laubmischwäldern mit viel Unterholz, Parks und Gärten • Baut ein kugeliges Nest in Efeu- oder Brombeergestrüpp • Schwirrt meist emsig herum und sucht Blätter nach Insekten und Spinnen ab.

Blaumeisen leben gern in Gärten und ziehen hier auch ihre Jungen auf →

Blaumeise

Cyanistes caeruleus

Größe 10–12 cm
Merkmale Gefieder blau-gelb.
Nahrung Im Sommer Insekten, im Winter Körner, oft an Meisenringen.
Vorkommen Wälder, Parks, Gärten und Hecken aller Art, sofern geeignete Nistmöglichkeiten vorhanden sind.

→ TYPISCH Als einziger heimischer Vogel mit blau-gelbem Federkleid ist die Blaumeise unverwechselbar. Sie ist sehr anpassungsfähig und hat sich dank Nistkästen und Winterfütterung bei uns stark vermehrt. Häufig sieht man Blaumeisen, wenn sie an den äußeren Zweigen von Bäumen nach Insekten suchen. Dabei klettern sie flink und oft auch kopfüber umher. Für ihre Nester suchen sie sich Höhlen, die sie mit Tierhaaren und Moos auspolstern, sie nehmen aber auch gern Nistkästen an.

❶ Kohlmeise

Parus major

STECKBRIEF 13–5 cm • Kopf auffällig schwarz-weiß, Unterseite gelb mit schwarzem Band • Sehr anpassungsfähig, oft handzahm • Sucht an Baumstämmen und am Boden nach Spinnen, Raupen und anderen Insekten • Hilft gegen Massenvermehrungen von Insekten im Forst • Oft in Nistkästen.

❷ Tannenmeise

Periparus ater

STECKBRIEF 10–12 cm • Kopf schwarz mit auffallendem weißen Nackenfleck und weißen Wangen • Lebt in Nadelbäumen und in Gärten mit vielen Koniferen • Frisst Insekten und Spinnen • Hängt sich im Winter an Fichtenzapfen, um die Samen herauszupicken • Nistet in Baumhöhlen und Erdlöchern.

Der Eingang zur Baumhöhle wird mit Lehm verkleinert →

Kleiber

Sitta europaea

Größe 12–15 cm
Merkmale Rücken blaugrau, kurzer Schwanz, gedrungene Gestalt.
Nahrung Spinnen, Insekten und Pflanzensamen.
Vorkommen Laubmischwälder, Parks mit altem Baumbestand, Gärten, Alleen. Bewohnt vor allem alte Bäume.

Der kleine Singvogel ist dank seiner Färbung unverwechselbar, man kann ihn überall dort entdecken, wo einige ältere Laubbäume stehen. Den Kleiber sieht man häufig an Baumstämmen herumklettern, wo er Insekten aus der Rinde pickt. Abwärts schafft er es sogar kopfüber, was ihm kein anderer Vogel nachmachen kann. In dieser Haltung kann er sehr gut die Nahrung erreichen, die hinter nach oben abstehender Rinde versteckt ist. Um Nüsse oder andere harte Nahrung aufzuknacken, klemmt der Kleiber sie in Baumrit-

↑ Ein guter Flieger, bekannt ist er aber vor allem wegen seiner Kletterkünste

↑ Frisst im Herbst auch Baumsamen, Beeren und Nüsse, besucht auch Futterstellen

zen, Löcher oder Spalten ein. Mit gezielten Schnabelhieben entfernt er die ungenießbaren Bestandteile und frisst das begehrte Innere.

→ TYPISCH Der Name Kleiber bedeutet „Kleber“, denn der wendige Vogel hat die Angewohnheit, die Baumhöhlen, die er für die Brut nutzen möchte, mit einem Brei aus Lehm zuzukleistern und damit den Eingang so zu verkleinern, dass nur er selbst noch hineinpasst. Größere Vögel und Eierräuber müssen draußen bleiben. Mit dem Nestbau beginnt der Kleiber meist schon im März. Meistens bauen die Weibchen das Nest. Mitte April legt das Weibchen 5–8 Eier, die 2 Wochen lang bebrütet werden. Die Jungen sind nach knapp einem Monat flügge und verlassen dann die Nisthöhle. Schon am Ende ihres ersten Lebensjahres werden die jungen Kleiber geschlechtsreif und gehen auf Partner- und Reviersuche.

Mit seinem langen feinen Schnabel pickt er Insekten aus der Baumrinde →

Waldbaumläufer

Certhia familiaris

Größe 12–14 cm
Merkmale Oberseite hell gefleckt, verlängerter Stützschwanz.
Nahrung Insekten, Spinnen, im Winter auch Fichtensamen.
Vorkommen Fichten- und Tannenwälder der Mittelgebirge und der Alpen bis in etwa 2000 m Höhe.

→ TYPISCH Wenn der kleine Waldbaumläufer an einem Baumstamm emporklettert, ist er kaum zu entdecken, weil sein Gefieder der Rinde so ähnlich sieht. Mit seinem langen feinen Schnabel pickt er Insekten und Spinnen aus der rissigen Borke von Nadelbäumen. Dabei kann er sich mit seinen langen, steifen Schwanzfedern gut am Stamm abstützen. Zum Verwechseln ähnlich ist der Gartenbaumläufer, der häufig in Parks mit hohen Laubbäumen brütet.

Weibchen und junge Männchen: → grünlich gefiedert

Pirol

Oriolus oriolus

Größe 22–25 cm
Merkmale Männchen leuchtend gelb und schwarz, Weibchen unscheinbarer gelbgrün.
Nahrung Insekten und besonders deren Raupen, Früchte und Beeren.
Vorkommen Auwälder, reich strukturierte Laubmischwälder, alte Obstgärten, stets geringe Siedlungsdichte.

→ **TYPISCH** **Obwohl der Pirol ein sehr auffälliges gelb-schwarzes Federkleid trägt, ist er meist nicht zu entdecken, so versteckt lebt der Vogel in den Baumwipfeln. Auch sein kunstvolles Napfnest hängt hoch oben wie ein Körbchen in einer Astgabel. Außerdem hat die Zerstörung von feuchten Auenlandschaften und alten Laubwäldern dazu geführt, dass der Pirol bei uns sehr selten geworden ist.**

Brütet auch in geeigneten Nistkästen →

Eichelhäher

Garrulus glandarius

Größe 32–35 cm
Merkmale Körper rotbraun mit blau-schwarzen Flügelabzeichen und schwarzem Schwanz.
Nahrung Samen und Früchte, besonders Eicheln, Haselnüsse, Bucheckern.
Vorkommen Wälder aller Art mit besonderer Vorliebe für Eichen, zunehmend auch in Parks und Gärten.

Der farbenprächtige Eichelhäher gehört zur Familie der Raben. Mit etwas Glück findet man beim Waldspaziergang eine seiner blau schillernden Federn. Auch in Gärten, Dörfern und Städten ist der Eichelhäher häufig unterwegs und klettert geschickt im Geäst. Eichelhäher kann man ganzjährig bei uns sehen und hören. Mit ihrem unverkennbaren Warnruf machen sie Artgenossen und andere Tiere

↑ Eichelhäher sorgen vor und fressen im Winter die Eicheln aus ihrem Vorratslager

auf einen sich annähernden Feind aufmerksam. Der Eichelhäher hat außerdem eine besondere Begabung: Er kann die Stimmen anderer Vögel imitieren.

→ TYPISCH Der Eichelhäher ernährt sich hauptsächlich von Eicheln. Im Herbst sammelt er unzählige Eicheln und steckt sie als Wintervorrat in die Erde. Dabei kann er bis zu 10 Eicheln in seinem Kehlsack transportieren und eine zusätzliche im Schnabel. Die Häher finden jedoch nur die wenigsten Vorräte wieder. Daher sind sie besonders fleißige Baumpflanzer und haben erheblich zur Ausbreitung unserer Eichenwälder beigetragen. Allerdings plündern sie – wie andere Rabenvögel auch – Nester, und fressen Eier und Jungvögel. Daher sind die bunten Vögel nicht überall gern gesehen.

Leer gefressener Zapfen der Zirbelkiefer →

Tannenhäher

Nucifraga caryocatactes

Größe 32–35 cm
Merkmale Gefieder dunkelbraun mit weißen Flecken.
Nahrung Samen von Nadelbäumen, Nüsse, Früchte, Beeren, im Sommer auch Insekten.
Vorkommen Nadelwälder, vor allem mit Zirbelkiefern, in heimischen Bergwäldern. Als Brutvogel in den Alpen verbreitet. Wintergast in Gärten und Parks.

→ TYPISCH **Besonders gern frisst der Tannenhäher die Nüsschen der Zirbelkiefer, aber auch Bucheckern, Eicheln und Haselnüsse, die er mit seinem kräftigen Schnabel aufmeißelt. Genau wie der Eichelhäher fungiert der Tannenhäher als wichtiger Baumpflanzer, da er nur einen Teil seiner Wintervorräte wiederfindet. Vor allem für die Zirbelkiefernwälder erfüllt er damit eine wichtige ökologische Funktion.**

❶ Rabenkrähe

Corvus corone

STECKBRIEF 44–51 cm • Gefieder einfarbig schwarz • Als Kulturfolger weit verbreitet und wenig scheu • Frisst Würmer, Insekten, Mäuse, Eier und Jungvögel, sucht auch Maisfelder und Mülldeponien auf • Im Winter in großen Scharen • Sehr ähnlich ist die Nebelkrähe mit grauschwarzem Gefieder.

❷ Kolkrabe

Corvus corax

STECKBRIEF 54–67 cm • Rabenschwarz glänzendes Gefieder • Intelligent und anpassungsfähig • Leben in Wäldern, Gebirgslandschaften und an Felsküsten • Heute wieder häufiger • Bleiben ihrem Partner lebenslang treu und fest in einem Revier • Beide Eltern brüten und kümmern sich um die Nestlinge.

Weibchen: schlicht grünlich grau gefärbt →

Buchfink

Fringilla coelebs

Größe 14–16 cm
Merkmale Männchen zur Brutzeit rostbraun mit grauem Kopf und rötlichen Backen, Weibchen schlicht olivgrau.
Nahrung Im Sommer Insekten, im Winter Pflanzensamen, Bucheckern, Getreide.
Vorkommen Mischwälder, Laubwälder, Hecken, Gärten und buschreiche Parks, sehr häufige Art.

→ **TYPISCH** **Der charakteristisch gefärbte Buchfink gehört zu den häufigsten heimischen Vogelarten und sitzt fast überall dort, wo es Bäume gibt. Sein schmetternder Gesang besteht aus einer einzigen Strophe, die immerfort wiederholt wird. Seine Nahrung sucht der Buchfink meist am Boden. Er pickt mit seinem kräftigen Schnabel nach Samen und Insekten. Sein Nest baut er an Ästen.**

Weibchen unterseits bräunlich grau →

Gimpel

Pyrrhola pyrrhola

Größe 16–17 cm
Merkmale Kopfkappe schwarz, Männchen mit leuchtend roter Brust, Weibchen blasser rötlich grau.
Nahrung Pflanzensamen, Knospen.
Vorkommen Mischwälder, buschreiches Gelände, in Gärten und Parkanlagen, meist paarweise.

→ TYPISCH Seine kardinalsrote Brust und die schwarze Kopfkappe haben dem Gimpel auch den Namen „Dompfaff" eingebracht. Wenn man seinen Ruf nachahmt, lässt sich der zutrauliche Gimpel leichter fangen als andere Vogelarten und wurde früher auch im Käfig gehalten. Heute ist das Fangen von Wildvögeln gesetzlich verboten und absolut tabu. Viele Gimpelpaare halten über die Brutzeit hinaus zusammen und leben möglicherweise zeitlebens in Dauerehe.

AMPHIBIEN & REPTILIEN schneller bestimmen

Amphibien und Reptilien sind wechselwarme, Eier legende Wirbeltiere, die an Land leben.

↓

Amphibien haben eine feuchte Haut, Reptilien tragen Schuppen.

↓

Blättere direkt weiter zu der Seite, ab der die passenden Arten beschrieben sind.

AB SEITE 53

Amphibien

Amphibien – Kröten, Frösche, Salamander und Molche – leben sowohl im Wasser als auch an Land. Die Fortpflanzung findet jedoch in Gewässern statt. Die Larven schwimmen im Wasser und atmen mit Kiemen. Erst später entwickeln sie Beine und atmen mit der Lunge und über die Haut.
⟶ Amphibien sind wechselwarm, d. h., ihre Körpertemperatur hängt von der Temperatur der Umgebung ab.

AB SEITE 56

Reptilien

Reptilien (Kriechtiere) sind zur Fortpflanzung nicht auf Gewässer angewiesen. Sie entwickeln sich in Eiern mit einer pergamentartigen Schale. Zu den Reptilien zählen Eidechsen und Schlangen, aber z. B. auch Schildkröten.
⟶ Als wechselwarme Tiere suchen sie häufig Sonnenplätze auf, um sich aufzuwärmen.

In Tümpeln legen die Weibchen lange Laichschnüre ab →

Erdkröte

Bufo bufo

Größe 9–11 cm
Merkmale Körper gedrungen, Oberseite braun, Haut besonders warzig.
Nahrung Ameisen, Käfer, Würmer, Schnecken, Asseln und Spinnen.
Vorkommen Laubwälder, auch Kulturlandschaft, sofern Teiche, Weiher oder Gräben zum Laichen vorhanden sind.

→ TYPISCH Die Erdkröte ist den meisten Autofahrern schon einmal begegnet: auf den Warnschildern „Krötenwanderung" oder platt gefahren auf dem Asphalt. Straßen sind eine der größten Gefahren für die Kröte, die immer wieder zu ihrem Laichgewässer zurückkehrt, auch wenn der Weg gefährlich ist. Hat sich ein Krötenpaar auf der Wanderschaft schon gefunden, lässt sich das Männchen huckepack zum Gewässer tragen. Die Weibchen legen dort Laichschnüre mit Tausenden von Eiern ab.

Typisch für die Männchen: die große Schallblase (Kehlsack)

Laubfrosch

Hyla arborea

Größe 3–5 cm
Merkmale Färbung hell- bis dunkelgrün, Unterseite weiß bis gelblich.
Nahrung Insekten wie Fliegen, Käfer, Zikaden, Blattläuse sowie Spinnen.
Vorkommen Buschreiches Gelände an Waldrändern. Laichgewässer sind flache, pflanzenreiche Teiche und Tümpel.

→ TYPISCH Unter den heimischen Amphibien ist der Laubfrosch die einzige Art, die sehr gut klettern kann. Mithilfe von Haftscheiben an Finger- und Zehenspitzen klettern die kleinen Frösche gern in Büsche und Bäume und sind im Laub hervorragend getarnt – daher der Name. Dort sitzen sie und fangen vorüberfliegende Insekten. Der Laubfrosch ist europaweit geschützt.

AMPHIBIEN & REPTILIEN

❶ Grasfrosch

Rana temporaria

STECKBRIEF 6–10 cm • Oberseite gelb-, rot- bis schwarzbraun • Weit verbreitet • Besiedelt breites Spektrum stehender und fließender Gewässer • Setzt große Laichballen aus 700–4500 Eiern im pflanzenbewachsenen Flachwasser ab • Verluste durch Straßenverkehr und Gewässerverschmutzung.

❷ Moorfrosch

Rana arvalis

STECKBRIEF 5–8 cm • Sehr ähnlich Grasfrosch • Männchen zur Laichzeit blau gefärbt • Erbeuten abends und nachts Insekten und Würmer • In Randbereichen von Hochmooren, feuchtem Grünland, Bruch- und Auwäldern • Gefährdet durch großflächige Trockenlegung und Kultivierung von Feuchtgebieten.

Sonnen sich gern auf Altholz, etwa auf Holzhaufen oder Baumstümpfen →

Waldeidechse

Zootoca vivipara

Größe 16–18 cm
Merkmale Rücken braun mit Längsstreifen und Punkten, Bauch gelb oder orange.
Nahrung Kleine Insekten und Spinnen.
Vorkommen Waldränder, Lichtungen, Wiesen, Moore; Heiden, im Gebirge bis in 3000 m Höhe.

→ TYPISCH Im Gegensatz zu anderen Eidechsen besiedelt die kleine Waldeidechse auch feuchte und kühle Lebensräume. Sie legt auch nicht wie ihre Verwandten Eier, sondern bringt fertig entwickelte Jungtiere zur Welt. Bei Störungen bringt sich die Waldeidechse im Gestrüpp oder in Erdlöchern in Sicherheit. Außerdem kann sie bei Gefahr, wie andere Eidechsenarten auch, den Schwanz an einer vorgebildeten Bruchstellen abwerfen und damit Fressfeinde wie Turmfalke und Hauskatze verwirren.

Die harmlosen Tiere züngeln, um Geruchsstoffe aufzunehmen →

Blindschleiche

Anguis fragilis

Größe 40–45 cm
Merkmale Gestalt schlangenähnlich, graubraune, glatte und metallisch glänzende Schuppen.
Nahrung Nacktschnecken, Würmer und Spinnen.
Vorkommen Waldlichtungen, am Rand von Hecken und Gebüsch, häufig in feuchten Verstecken.

→ TYPISCH Die Blindschleiche hat ihre Beine so reduziert, dass sie wie eine Schlange aussieht, obwohl sie zu den Echsen gehört. Wie andere Eidechsen kann sie ihren Schwanz abwerfen, wenn er von einem Feind gepackt wird. Die Blindschleiche ist vollkommen harmlos und ungiftig, wird aber oft für eine gefährliche Schlange gehalten und deshalb erschlagen. Blind ist die Blindschleiche nicht, das Althochdeutsche „plint“ bedeutet blendend und verweist auf ihren metallischen Glanz.

WIRBELLOSE schneller bestimmen

Wer keine Wirbelsäule hat, gehört zu den Wirbellosen. Aber das ist auch schon fast das einzige Merkmal, das so grundverschiedene Gruppen wie Insekten oder Schnecken miteinander teilen. Die weitaus größte Anzahl der bekannten Tierarten gehört zu den Wirbellosen.

Die Gruppe der wirbellosen Tiere ist riesig. Allen gemeinsam ist, dass sie keine Wirbelsäule haben.

↓

Orientiere dich daran, wie viele Beine das Tier hat, das du entdeckt hast: 6, 8, viele oder vielleicht auch gar keine?

↓

Blättere direkt weiter zu der Seite, ab der die passenden Arten beschrieben sind.

AB SEITE 50

Insekten

Ein Insekt erkennt man in der Regel daran, dass es 6 Beine besitzt und der Körper deutlich in 3 Abschnitte gegliedert ist: Kopf, Brust und Hinterleib.
→ Der Insektenkopf trägt auffällige Facettenaugen, Mundwerkzeuge und ein Paar Fühler (Antennen) zum Tasten und Riechen.
→ An dem Brustsegment sitzen 3 Paar Laufbeine, oft auch Flügel.
→ Ein Panzer aus Chitin umhüllt den Insektenkörper; darauf können noch Dornen, Haare, Borsten oder Schuppen sitzen.

AB SEITE 74

Spinnen

Zu den Spinnentieren gehören die Webspinnen, aber auch Weberknechte, Skorpione oder Zecken. Ihr Körper ist in Vorder- und Hinterleib gegliedert und sie haben 4 Paar Laufbeine.

⟶ Viele Spinnentiere sind Jäger, die ihre Beute mit Gift töten. Sie haben mehrere Punktaugen, die sehr leistungsstark sein können.

AB SEITE 76

Asseln und Tausendfüßer

Die landlebenden Asseln gehören zu den Krebstieren und atmen durch Kiemen. Sie haben sich an Lebensräume außerhalb des Wassers angepasst, müssen ihre Kiemen aber feucht halten.

⟶ Die Tausendfüßer hingegen umfassen ausschließlich landlebende Formen mit einer meist zwei- oder dreistelligen Anzahl von Beinen.

AB SEITE 78

Schnecken und Würmer

Schnecken zählen zu den Weichtieren. Ihr Körper gliedert sich in einen Kopf, einen Eingeweidesack und einen Mantel, der bei vielen Schneckenarten ein festes Gehäuse aus Kalk bildet. Viele kriechen auf einem muskulösen Fuß, der Schleim absondern kann.

⟶ Zu den Ringelwürmern gehören die allbekannten Regenwürmer und ihre Verwandten. Sie haben einen Kopf, einen Rumpf aus mehr oder weniger gleichförmigen Segmenten sowie ein Hinterende.

Die Weibchen besitzen „normale“ Kieferzangen →

Hirschkäfer

Lucanus cervus

Größe 3–8 cm
Merkmale Männchen mit großen geweihartigen Zangen, Weibchen mit kleineren Zangen.
Nahrung Die Käfer lecken den Saft aus Baumwunden, oft an Eichen. Die Larven fressen abgestorbenes Holz in morschen Eichen.
Vorkommen Eichenwälder mit altem Baumbestand, heute fast überall selten geworden.

Der Hirschkäfer ist der größte und imposanteste einheimische Käfer und lebt in alten Eichenwäldern mit morschen Bäumen, in denen sich die Larven entwickeln. Die Käfer schwärmen von Mitte Juni bis Ende Juli an lauen Abenden mit lautem Brummen herum. Die meiste Zeit ihres Lebens verbringen sie jedoch unter der Erde. Die Larven ernähren

↑ Abflug eines Hirschkäfer-Männchens

↑ Geweihkampf zweier Männchen

sich von Altholz, das sie zu Mulm abbauen. Nach einigen Jahren verpuppen sich die Larven und nach etwa 6 Wochen schlüpfen die Käfer aus dem Kokon. Der Hirschkäfer ist durch den Verlust von Eichenwäldern mit Alt- und Totholz gefährdet.

→ TYPISCH Bei den Männchen sind die Oberkiefer geweihartig verlängert. Damit kämpfen sie in der Paarungszeit. Sieger ist, wer den Gegner vom Ast stößt. Anschließend sucht der Sieger das Weibchen auf und hält es während der Paarung mit seinem „Geweih" fest. Für die Reifung ihrer Keimzellen brauchen Hirschkäfer Baumsaft, der bestimmte Pilze enthält. Der Saft fließt, wenn ein Baum durch Frostrisse, Windbruch oder Blitzschlag verletzt ist. Das Weibchen ist auch in der Lage, Baumwunden mit seinen kleinen, aber kräftigen Oberkiefern aufzubeißen.

1 Großer Puppenräuber

Calosoma sycophanta

STECKBRIEF 2–3 cm • Flügeldecken goldgrün mit rotem Glanz • Laubmischwälder, in Baumkronen • Frisst Schmetterlingspuppen und -raupen • Hält Schädlinge in Schach • Ein Käfer verzehrt pro Jahr in nur etwa 50 Tagen etwa 400 Raupen • Den Rest des Jahres verschläft er im Boden.

2 Lederlaufkäfer

Carabus coriaceus

STECKBRIEF 3–4 cm • Größter einheimischer Laufkäfer • Flügeldecken lederartig gerunzelt, mattschwarz • Kaum flugfähig • Frisst Schnecken, Insekten, Würmer • Laub- und Mischwälder, Gärten, auch ungewollt in Kellerschächten (bitte retten und ins Grüne zurücktragen) • Geschützte Art.

❸ Totengräber

Nicrophorus vespilloides

STECKBRIEF 1–2 cm • Flügeldecken schwarz mit 2 orangeroten Querbinden • Frisst Aas • Sehr nützlich für das Ökosystem Wald • Gut entwickelter Geruchssinn • Wälder, vor allem an Kadavern von Mäusen und Vögeln • Weibchen legt Eier auf Aas und hütet die Larven • Weit verbreitet.

❹ Waldmistkäfer

Anoplotrupes stercorosus

STECKBRIEF 1–2 cm • Flügeldecken blauschwarz, glänzend • Laub- und Mischwälder • Sehr häufig • Frisst Tierkot • Legt verzweigte Gänge an, in die Kotballen für die Eiablage eingebracht werden • Die Larven überwintern in dem schützenden Gang und verpuppen sich im folgenden Sommer.

Hat ebenfalls großen Appetit auf Blattläuse: die Larve des Marienkäfers →

Siebenpunkt-Marienkäfer

Coccinella semptempunctata

Größe 5–7 mm
Merkmale Flügeldecken rot mit insgesamt sieben schwarzen Flecken.
Nahrung Blatt- und Schildläuse.
Vorkommen Waldränder, Wiesen und Gärten; lebt überall dort, wo Blattläuse an Pflanzen saugen.

→ TYPISCH Marienkäfer sind allseits bekannt. Sie gelten als Glücksbringer und im Garten sind sie als fleißige Blattlausjäger gern gesehen. Auch ihre Larven fressen massenhaft Blattläuse. Marienkäfer werden daher auch als biologische Schädlingsbekämpfer gezüchtet und ausgesetzt. Die Signalfärbung der Käfer soll Fressfeinde abschrecken, bei Gefahr geben sie eine bittere gelbe Flüssigkeit ab. Ähnlich ist der eingeschleppte Asiatische Marienkäfer, der mittlerweile vielerorts häufiger ist als die heimischen Marienkäfer-Arten.

Typisches Fraßbild eines Buchdruckers unter der Baumrinde →

Buchdrucker · Borkenkäfer

Ips typographus

Größe 4–5 mm
Merkmale Körper schwarzbraun mit feiner Behaarung.
Nahrung Käferlarven fressen Gänge unter der Rinde von Fichten.
Vorkommen Fichtenwälder, Massenvermehrungen vor allem in artenarmen Fichtenmonokulturen, wo natürliche Fressfeinde fehlen.

→ TYPISCH Seinen Namen verdankt der Buchdrucker den kunstvollen Fraßbildern, die unter der Rinde abgestorbener Fichten zutage treten und von den Käferlarven stammen. Er gehört zu den als Forstschädlinge sehr gefürchteten Borkenkäfern. Dort, wo vielfältige heimische Laubwälder riesigen monotonen Fichtenforsten weichen mussten, können die Borkenkäfer massenhaft auftreten.

1 Waldmaikäfer

Melolontha hippocastani

STECKBRIEF 2–2,5 cm • Flügeldecken rötlich braun • Nah verwandt mit dem Feldmaikäfer • Sandige Waldgebiete und Heideflächen • Larven (Engerlinge) leben mehrere Jahre im Boden • Fertig entwickelte Käfer graben sich Anfang Mai aus dem Boden • Käfer fressen Laub von Eichen und Buchen.

2 Beerenwanze

Dolycoris baccarum

STECKBRIEF 1–1,5 cm • Deckflügel rötlich violett, Hinterleib am Rand schwarz-weiß gemustert • Waldränder, Waldlichtungen, Wiesen und Gärten, an Beerensträuchern • Saugt Beeren aus • Die angestochenen Früchte sind ungenießbar, weil die Wanze übel schmeckenden Speichel einspritzt.

Gallen an der Unterseite eines Eichenblatts

Die Gallwespe ist winzig klein und unscheinbar →

Eichengallwespe

Cynips quercusfolii

Größe 3 mm
Merkmale Körper klein und schwarz mit langen Flügeln.
Nahrung Eichenblätter. Die Gallen sind Gewebe-Wucherungen der Pflanze.
Vorkommen Eichenbäume, die kugeligen Galläpfel sind gelblich und sitzen an der Blattunterseite.

→ **TYPISCH** **Gallwespen verursachen die kugeligen Gebilde, die man an der Unterseite von Eichenblättern finden kann. Die Wespenweibchen legen im Frühling ihre Eier mit ihrem Legestachel in die Blattknospen. Daraus schlüpfen Larven, die Wachstumsstoffe abgeben und damit den Baum anregen, Galläpfel zu bilden, in denen sie sich entwickeln. Sind sie fertig entwickelt, schlüpfen sie aus den Gallen. Die Gallen schaden dem Baum in der Regel nicht.**

Ameisenhügel können meterhoch werden →

Rote Waldameise

Formica rufa

Größe 5–11 mm
Merkmale Rücken rotbraun, Kopf und Hinterleib schwarz.
Nahrung Insekten, Spinnentiere, Saft von Bäumen und Früchten.
Vorkommen Nadelwälder, auch im Bergvorland, Nester meist an sonnigen Waldrändern.

Alle Waldameisen stehen unter Naturschutz. Sie sind durch Straßenbau und Nutzung ihrer Lebensräume gefährdet. Durch Bauarbeiten aller Art werden ihre Nester oft zerstört oder der Lebensraum so stark verändert, dass er sich für die Tiere nicht mehr eignet. Waldameisen tragen zur Verbesserung der Bodenbeschaffenheit bei, verbreiten Pflanzensamen, beseitigen Kadaver und verhindern Massenvermehrungen von anderen Insekten. Gegenüber

↑ Im Gegensatz zu den Arbeiterinnen sind die Männchen geflügelt

↑ Fette Beute: eine Heuschrecke

Fressfeinden verteidigen sie sich erfolgreich mit Ameisensäure, die sie aus einer Drüse ihm Hinterleib bis zu 1 m weit verspritzen können.

→ **TYPISCH** **Die unermüdlichen Waldameisen bilden große Staaten und bauen bis zu 1,5 m hohe Erdhügel, die mit Fichtennadeln bedeckt sind. In einem solchen Nest können mehr als 100 000 Tiere leben. Rote Waldameisen jagen überwiegend Insekten und überwältigen gemeinsam auch sehr große Beute wie Raupen und Heuschrecken. Die Verständigung der Ameisen erfolgt mit Fühlern und zahlreichen Duftstoffen, die sie aus verschiedenen Drüsen ausscheiden. Auf einem einzigen Ameisenfühler befinden sich ca. 2000 Sinneszellen, mit denen sie Duftstoffe wahrnehmen, ihre Nestgenossinnen durch Tasten erkennen sowie die Temperatur und die Luftströmungen messen können.**

Die Raupen sind an Gräsern gut getarnt →

Waldbrettspiel

Pararge aegeria

Größe Flügelspannweite 3–4,5 cm
Merkmale Flügeloberseiten dunkelbraun mit weißer Fleckenzeichnung und gelb umrandeten Augenflecken am Flügelrand.
Nahrung Saugt an Blüten, Baumsäfte von Bäumen und reifem Obst. Die Raupen fressen Gräser.
Vorkommen Auwälder, Laubmischwälder, seltener in Nadelwäldern, bevorzugt lichte, sonnige Standorte.

→ TYPISCH Die männlichen Falter zeigen ein auffälliges Revierverhalten. Sie sitzen auf erhöhten Positionen, von denen aus sie die Umgebung gut beobachten können, und versuchen, vorbeifliegende Rivalen zu vertreiben. Sie kehren immer wieder auf ihren Sitzplatz zurück.

WIRBELLOSE

❶ Landkärtchen

Araschnia levana

STECKBRIEF 3–4,5 cm Flügelspannweite • Frühjahrsgeneration braunorange mit weißen Flecken, Sommergeneration braunschwarz mit weißen Bändern und gelblichen Flecken • Geaderte Flügelunterseite ähnelt Landkarte (Name) • Auwälder, feuchte Laubwälder • Raupen schwarz mit Dornen.

❷ Nagelfleck

Aglia tau

STECKBRIEF 5–8 cm Flügelspannweite • Flügel orangebraun, mit je einem dunklen Augenfleck • In Laub- und Mischwäldern • Charaktertier des Buchenwalds • Die Männchen dieser Nachtfalter fliegen auch tagsüber, die Weibchen nur nachts • Raupen grün mit rot-weiß geringelten Fortsätzen • Fressen Blätter.

❶ Kaisermantel

Argynnis paphia

STECKBRIEF 5–6,5 cm Flügelspannweite • Männchen rotbraun, Weibchen gelbbraun, mit dunklen Flecken und Bändern • Laubwälder der Mittelgebirge auf Wiesen und Lichtungen, gern auf Distelblüten • Raupen fressen an Veilchen • Falter saugen Nektar an Disteln und anderen Blütenpflanzen.

❷ Langhornmotte

Nemophora degeerella

STECKBRIEF 2 cm Flügelspannweite • Golden, helle Querbinde • Fühler der Männchen viermal länger als der Körper • An Waldrändern • Balztänze der Männchen tagsüber im Sonnenschein • Larven fressen erst in Blättern („minieren"), später am Boden liegende Blätter und tarnen sich in Köchern aus Pflanzenteilen.

Die Falter sind graubraun und unscheinbar →

Eichenprozessionsspinner

Thaumetopoea processionea

Größe 3 cm Flügelspannweite
Merkmale Falter unscheinbar graubraun, Raupen mit langen Haaren.
Nahrung Raupen fressen Eichenblätter.
Vorkommen Wälder mit Eichenbeständen, auch in Wohngebieten.

TYPISCH Wo der Eichenprozessionsspinner auftaucht, ist Vorsicht geboten: Die Raupen tragen lange weiße Haare, die leicht abbrechen und beim Menschen Hautausschläge, schmerzhafte Entzündungen und Atemnot hervorrufen können. Tagsüber sitzen die Raupen in Gespinsten, in der Dämmerung wandern sie in langen Reihen durch die Eichenwälder und fressen Blätter und ganze Bäume kahl. In Wohngebieten müssen sie professionell bekämpft werden.

Die Jungspinnen leben zunächst in einem Gemeinschaftsgespinst →

Gartenkreuzspinne

Araneus diadematus

Größe Bis 1,5 cm, Männchen deutlich kleiner als Weibchen.
Merkmale Hinterleib mit auffälligem weißem Kreuz.
Nahrung Insekten wie Wespen, Fliegen, Bienen, die im Netz hängenbleiben.
Vorkommen Waldränder, Hecken, Parks und Gärten.

→ TYPISCH Die Gartenkreuzspinne ist die bekannteste heimische Radnetzspinne. Sie legt ihr Fangnetz an den Zweigen von Sträuchern oder Bäumen an. In der Mitte ihres Netzes sitzend, lauert sie auf Beute. Über einen Signalfaden bekommt sie die Information, wenn sich eine Beute im Netz verfängt. Dann eilt sie herbei, wickelt ihr Opfer in Spinnfäden und tötet es mit einem Giftbiss.

❶ Waldwolfsspinne

Pardosa lugubris

STECKBRIEF 5–10 mm • Körper bräunlich gefärbt • Wälder, Parks und Hecken • Weit verbreitet • Leben am Boden, können hervorragend sehen • Jagen ihre Beute ähnlich wie Wölfe (Name): Sie schleichen sich vorsichtig an und überwältigen ihr Opfer mit einem gezielten Sprung.

❷ Holzbock · Zecke

Ixodes ricinus

STECKBRIEF 2,5–4 mm • Sehr flacher Körper • Mit Blut vollgesogene Tiere bis zu 1 cm groß • Wälder und Wiesen • Übertragen Krankheiten wie Hirnhautentzündung und Borreliose • Nur weibliche Zecken lauern auf Säugetiere, auf die sich im geeigneten Moment fallen lassen, um Blut zu saugen.

❶ Mauerassel

Oniscus asellus

STECKBRIEF 1–2 cm • Körper dunkelgrau mit hellen Rückenflecken • Waldboden im Falllaub, unter Steinen oder Baumstämmen • Zerkleinern verrottende Pflanzenteile • Krebstiere, haben an den Hinterbeinen Kiemen zum Atmen, die feucht gehalten werden müssen • Sehr ähnlich Kellerassel.

❷ Rollassel

Armadillidium vulgare

STECKBRIEF 1–1,5 cm • Körper gewölbt mit Rückenplatten • Laubwälder, unter Steinen, Laub und Moos • Rollen sich bei Gefahr zu Kugel zusammen • An das Landleben angepasste Krebstiere • Fressen Löcher in abgestorbene Blätter und erleichtern so die Zersetzung durch Bakterien und Pilze.

3 Gerandeter Saftkugler

Glomeris marginata

STECKBRIEF 7–20 mm • Körper schwarz glänzend, Segmente mit gelblichem Hinterrand • Laubwälder, vor allem Buchenwälder, häufig in der obersten Laubstreu • Gehört zu den Tausendfüßern • Sieht Rollassel sehr ähnlich, weil sich beide an die gleichen Lebensbedingungen angepasst haben.

4 Gewöhnlicher Erdläufer

Geophilus longicornis

STECKBRIEF 2–4 cm • Körper lang und dünn mit etwa 50 Beinpaaren und langen Antennen • Wald-, Wiesen- und Ackerböden, in Hohlräumen, unter Steinen oder Holzstücken • Gehört zu den Hundertfüßern • Jagt Regenwürmer, denen er bis in die Wohnröhren folgt, sie umschlingt und auffrisst.

Eine Wegschnecke produziert bis zu 500 Eier

Rote Wegschnecke

Arion rufus

Größe 10–15 cm
Merkmale Körper rot, braun oder schwarz, ohne Gehäuse.
Nahrung Frische Pflanzen und Pilze, gelegentlich auch Aas.
Vorkommen Wälder, Hecken, Parks, Gärten, an feuchten Stellen, sehr häufig und weit verbreitet.

→ TYPISCH Die Wegschnecke trägt nicht das typische Schneckenhaus und gehört daher zu den Nacktschnecken. Ihr weicher Körper sitzt auf einem großen Kriechfuß, auf dem sie umherkriecht, Pflanzen frisst und dabei auch nicht vor dem Gartengemüse Halt macht. Neben den rot gefärbten Exemplaren gibt es auch schwarze. Die sind leicht zu verwechseln mit einer weiteren Art, der Schwarzen Wegschnecke, die bei uns ebenfalls häufig ist.

Paarung: Die Tiere sind Zwitter, fungieren also als Männchen und Weibchen →

Weinbergschnecke

Helix pomatia

Größe Bis 5 cm
Merkmale Gehäuse dickwandig, kugelförmig, gelb bis braun, oft mit unregelmäßigen Bändern.
Nahrung Frische und welkende Pflanzenteile.
Vorkommen Kalkbuchenwälder, Gebüsche und Heckenlandschaften. Braucht Kalk, um ihr Gehäuse aufzubauen.

→ **TYPISCH** **Die Weinbergschnecke ist die größte landlebende Gehäuseschnecke Mitteleuropas. Sie überwintert in Kältestarre in ihrem Gehäuse und kommt im Frühling wieder heraus. Wenn es im Sommer nach längerer Trockenheit wieder einmal regnet, können Weinbergschnecken bei der stundenlangen Paarung beobachtet werden, bei der sie »Liebespfeile« – kleine Kalkstilette – benutzen. Ihre Eier legen die Schnecken in einer selbst gegrabenen Erdhöhle ab. Weinbergschnecken sind sehr nützlich: Sie fressen die Eigelege von Nacktschnecken.**

❶ Schließmundschnecke

Cochlodina laminata

STECKBRIEF Bis 2 cm • Gehäuse turmähnlich mit vielen Windungen • Laub- und Mischwälder, häufig an bemoosten Baumstämmen, feuchten Felswänden • Frisst Pflanzen, Algen- und Pilzaufwuchs • Ein besonderer Schließmechanismus (Name) am Gehäuse sorgt dafür, dass es im Inneren feucht bleibt.

❷ Garten-Bänderschnecke

Cepaea hortensis

STECKBRIEF 1,5–2 cm • Gehäuse gelb oder rötlich bis braun, meist mit dunklen Bändern, Gehäuserand hell (bei Hain-Bänderschnecke dunkel) • Beide Arten fressen Pflanzen und sind selber eine wichtige Nahrung für die Singdrossel • Laub- und Mischwälder, Hecken, Gärten • Als Schnirkelschnecke bekannt.

Der kringelförmige Kot ist fruchtbar und bildet wertvollen Humus →

Regenwurm

Lumbricus terrestris

Größe 12–30 cm
Merkmale Wurmkörper mit bräunlich bis rosa gefärbten Ringeln, viele sehr ähnliche Arten.
Nahrung Abgestorbene Pflanzenreste.
Vorkommen Waldböden und humusreiche Böden, auch in Gartenerde, häufige und weltweit verbreitete Art.

→ TYPISCH Regenwürmer sind äußerst wichtige Gärtner: Sie durchlüften und düngen den Boden, indem sie tiefe Gänge in die Erde graben und abgestorbene Pflanzenreste hineinziehen, die sie fressen. Ihr Kot ist wertvoller Humus. Daher werden Regenwürmer auch gezüchtet und auf unfruchtbaren Böden ausgesetzt. Unter einem Quadratmeter Waldboden leben bis zu 1000 Regenwürmer. Sie sind unverzichtbar für den Stoffkreislauf des Waldes.

BÄUME & STRÄUCHER schneller bestimmen

Ein Baum ist in der Regel in einen verholzten Stamm und eine beblätterte Krone gegliedert.

↓

An der Form der Blätter kannst du Laub- und Nadelgehölze unterscheiden.

↓

Blättere direkt weiter zu der Seite, ab der die passenden Arten beschrieben sind.

AB SEITE 83

Nadelbäume

Nadelbäume gehören zu den Nacktsamern. Bei diesen sind die Samenanlagen nicht in einem Fruchtknoten eingeschlossen, sondern sitzen offen an den Samenschuppen, die die Zapfen bilden. Die Blätter sind nadelförmig und werden alle 3–7 Jahre erneuert.
⟶ Nadelbäume bleiben auch im Winter grün, nur die Lärche wirft ihre Nadeln im Herbst ab.

AB SEITE 86

Laubbäume & Sträucher

Laubbäume und Sträucher sind Bedecktsamer, ihre Samenanlagen sind im Fruchtknoten eingeschlossen. Nach der Bestäubung wandelt sich der Fruchtknoten zur Frucht um (z. B. Eicheln). Die vielgestaltigen Blätter besitzen eine breite Blattspreite.
⟶ Viele heimische Laubgehölze werfen im Herbst die Blätter ab.

An der Unterseite tragen die Nadeln zwei weiße Streifen →

Weiß-Tanne

Abies alba

Größe 30–50 m
Merkmale Nadeln kurz und stumpf, Unterseite mit 2 weißen Streifen, Zapfen aufrecht.
Vorkommen Bergwälder zwischen 400 und 1000 m Höhe, Tannenanteil in den Wäldern rückläufig.

→ TYPISCH Die Weiß-Tanne bildet gemeinsam mit Rot-Buche und Fichte die Bergmischwälder. Sie kann bis zu 600 Jahre alt werden, stellt aber hohe Ansprüche an ihren Standort und ist empfindlich gegen Luftverschmutzung. Seit etwa 250 Jahren wird die Tanne von der Fichte verdrängt. Weil die Wälder übernutzt waren, pflanzte man mehr und mehr die schnell wachsende und robuste Fichte. Teilweise werden – gerade in privaten Forstbetrieben – bis heute noch Nadelbaummonokulturen angepflanzt. Der weihnachtliche Tannenbaum ist häufig eine Fichte oder eine ausländische Tanne, etwa die Nordmanns-Tanne.

Fichten bevorzugen Standorte über 800 m Höhe, in Tieflagen sind sie angepflanzt

Fichte

Picea abies

Größe 25–50 m
Merkmale Nadeln stechend spitz, Zapfen herabhängend.
Vorkommen Mittelgebirge und Alpen, angepflanzt als Forstbaum, heute häufig und weit verbreitet.

→ TYPISCH Im Gebirge stehen natürliche Fichtenwälder, die einen artenreichen Lebensraum bilden. Anders die monotonen Fichtenforste, die im Dienst der Holzwirtschaft großflächig angelegt wurden. In ihnen können nur wenige Arten leben, außerdem sind sie anfällig gegenüber Sturm, Schneebruch und Borkenkäfer. Die Fichte ist außerdem stark vom Klimawandel betroffen. Der moderne naturgemäße Waldbau strebt deshalb ökologisch wertvollere Mischwälder mit verschieden alten Bäumen an.

❶ Europäische Lärche

Larix decidua

STECKBRIEF 25–40 m hoch • Nadeln weich, in Büscheln stehend, werden im Herbst abgeworfen • Mittelgebirge und Alpen, heute als Forstbaum auch im Tiefland angepflanzt • Hartes, dauerhaftes Holz, als Baustoff begehrt • Lichtliebend, besiedelt Freiflächen, die z. B. durch Lawinen oder Erdrutsche entstehen.

❷ Waldkiefer · Föhre

Pinus sylvestris

STECKBRIEF 30–40 m hoch • Nadeln paarweise, steif, 3–6 cm lang, Zapfen hängend • Sandböden, Dünen, verschiedenste Standorte, weite Verbreitung, häufig angepflanzt • Anspruchslos und anpassungsfähig • Braucht viel Licht • Wichtiger Forstbaum für Bau- und Möbelholz.

Baumnüsse: Die Bucheckern reifen in stacheligen Kapseln →

Rot-Buche

Fagus sylvatica

Größe 10–45 m
Merkmale Rinde glatt und silbergrau, Blätter eiförmig, typisch dreikantige Bucheckern.
Vorkommen Buchenwälder dominierten in Deutschland von Natur aus, wurden aber durch Anpflanzungen ersetzt.

→ **TYPISCH** **Besonders im Frühling, wenn das Sonnenlicht durch die zartgrünen Blätter fällt, entfaltet der Buchenwald seine besondere Schönheit. Doch die Blätter sind zudem so wirkungsvolle Lichtfänger, dass in ihrem Schatten nur noch wenige Pflanzenarten gedeihen können. Das macht die Rot-Buche so konkurrenzstark, dass sie überall dort dominiert, wo Boden und Klima ihr zusagen. Ohne menschliches Eingreifen wäre Mitteleuropa überwiegend von Buchenwald bedeckt. Die Reste dieser Urwälder sind besonders schützenswert. Als Gartenform wird die Blut-Buche gezüchtet.**

Die Eicheln sitzen an sehr langen Stielen →

Stiel-Eiche

Quercus robur

Größe 20–50 m
Merkmale Krone ausladend, gelappte Blattform, eiförmige Früchte (Eicheln).
Vorkommen Laubmischwälder in tieferen und mittleren Lagen, vor allem auf schweren und feuchten Böden.

→ TYPISCH Eine Eiche kann über 1000 Jahre alt werden. Sie ist der typisch deutsche Baum, noch heute ziert sein Laub unsere Cent-Münzen und sein langsam wachsendes, hartes Holz unsere Wohnzimmer. Früher trieb man Schweineherden in die Eichenwälder, um sie zu mästen. Dabei ist eigentlich die Buche viel typischer für unsere Landschaft. Eine ähnliche Art ist die Traubeneiche. Eicheln wurden früher als Kaffee-Ersatz verwendet. Dazu eignen sich sowohl die Früchte der Stieleiche als auch die der Traubeneiche. Das Produkt ist von Natur aus koffeinfrei.

Die kleinen Nüsschen tragen dreilappige Flügel

Hainbuche

Carpinus betulus

Größe 5–25 m
Merkmale Blätter eiförmig mit geriffelter Oberfläche und gesägtem Rand.
Vorkommen Eichenmischwälder, Hecken, Gebüsche, von der Ebene bis ins mittlere Bergland häufig.

→ TYPISCH Anders als die Rot-Buche verträgt die mittelhohe Hainbuche auch Schatten und bildet häufig unter Eichen eine zweite Baumschicht. Auch im Wurzelsystem ergänzen sich Eiche und Hainbuche sehr gut. Man verwendet sie auch häufig als Hecke, weil sie sich sehr gut in Form schneiden lässt. Ihr hartes Holz hat einen hohen Brennwert und wird auch für Werkzeuge, Geräte und Maschinen verwendet. Hainbuche und Rot-Buche sind - trotz ihres Namens - übrigens nicht näher miteinander verwandt.

Reflektiert das Sonnenlicht und schützt vor Überhitzung: die weiße Rinde →

Hänge-Birke

Betula pendula

Größe 10–25 m
Merkmale Rinde charakteristisch weiß, Zweige hängend mit dreieckigen Blättern.
Vorkommen Sandflächen in lichten Wäldern, Heiden, Magerrasen, auch auf Schutt und Brachland.

→ TYPISCH Die Birke gehört zu den anspruchslosen Pionierarten und ist auch auf Sandflächen und Industriebrachen reichlich vertreten. Sogar aus Pflasterritzen, Dachrinnen oder Steinwänden sprießen junge Birken empor. Allerdings braucht die Birke viel Licht und verkümmert im Schatten anderer Bäume. Ihr Holz wird in der Möbelindustrie verwendet. Gezüchtete Zierformen werden oft in Gärten gepflanzt. Die Birkenpollen verursachen Heuschnupfen.

Herabhängende Blütentrauben bilden Samen mit propellerartigen Flügeln →

Berg-Ahorn

Acer pseudoplatanus

Größe 30–40 m
Merkmale Blätter handförmig mit 5 Lappen ohne scharfe Spitzen, Früchte mit symmetrischen Flügeln.
Vorkommen Laubmischwälder im Gebirge, in der Nähe der Waldgrenze oft größere Bestände bildend.

→ TYPISCH Mit Zuckersaft aus Blattdrüsen lockt der Berg-Ahorn Insekten an, die auch die Blüten bestäuben. Alle Ahornarten sind Insektenblütler. Die Verbreitung ihrer mit langen Flügeln versehenen Samen („Nasenklemmen") erfolgt durch den Wind. Das helle Holz ist für Möbel und Innenausbauten begehrt. Eine ähnliche Art ist der Spitz-Ahorn, dessen Blätter an ihren Enden zugespitzt sind (Name). Ahorn wird häufig als Garten- oder Parkbaum angepflanzt. Es gibt auch rot gefärbte Zierformen.

1 Zitter-Pappel · Espe

Populus tremula

STECKBRIEF 10–25 m • Rinde glatt und graugrün, Blätter rundlich an langen, dünnen Stielen • Waldränder, lichte Wälder und Hecken, auch auf Kahlschlägen und Brachland • Verbreitung über Flugsamen • Die gestielten Blätter bewegen sich im Wind, daher die Redewendung „zittern wie Espenlaub".

2 Schwarz-Erle

Alnus glutinosa

STECKBRIEF 10–25 m • Blätter rundlich breit, am Rand gesägt, weibliche Blüten sind Zapfen mit Luftkammern, können schwimmen • Auwälder, oft an Bächen, Gräben, Flüssen, angepflanzt in Industriebrachen • Vertragen Nässe • Tief reichende Wurzeln festigen den Boden, z. B. an Böschungen.

Vögel fressen die erbsengroßen Kirschen sehr gern

Echte Traubenkirsche

Prunus padus

Größe 2–5 m
Merkmale Strauch oder kleiner Baum, Blätter eiförmig und zugespitzt, Blüten in Trauben.
Vorkommen Waldränder und lichte Stellen in Bruch- und Auwäldern, auf feuchten Böden als Begleiter von Erlen und Eschen.

→ TYPISCH Die Traubenkirsche ist ein wichtiges Wildgehölz und wird häufig angepflanzt. Mit ihren auffälligen weißen Blütentrauben ist sie eine willkommene Bienenweide, ihre schwarzen Kirschen werden gern von Vögeln gefressen. Eine sehr ähnliche Art, die Spätblühende Traubenkirsche (Prunus serotina), wurde aus Amerika eingeschleppt und angepflanzt. Wo sie sich verbreitet und dichte Gebüsche bildet, verdrängt sie heimische Arten.

❶ Gewöhnliche Esche

Fraxinus excelsior

STECKBRIEF 20–40 m • Blätter gefiedert mit 9–13 Fiederblättchen, Früchte geflügelt • Laubmischwälder, auf feuchten, nährstoffreichen Standorten in Auwäldern • Die Esche ist der „Baum des Wassers" und steht oft am Ufer von Fließgewässern • Betroffen von Pilzkrankheit (Eschensterben).

❷ Eingriffliger Weißdorn

Crataegus monogyna

STECKBRIEF 2–8 m • Strauch oder Baum mit langen Dornen, Blätter tief eingeschnitten mit 3–5 Lappen, jede Blüte nur 1 Griffel • Waldränder, Waldlichtungen, in Gebüschen und Hecken, auf eher trockenen, kalkreichen Böden • Häufige Heckenpflanze • Sehr ähnlich: der Zweigriffelige Weißdorn.

❶ Haselnuss

Corylus avellana

STECKBRIEF 2–5 m • Strauch mit vielen Einzelstämmchen • Blätter rundlich und weich mit gezähntem Rand • Waldränder, Hecken, Gebüsche, Wegränder, auch als dichtes Unterholz in Eichenwäldern • Haselnüsse fett- und eiweißreich, für viele Nagetiere wichtiges Herbst- und Winterfutter.

❷ Brombeere

Rubus fruticosus

STECKBRIEF Bis 3 m • Zweige lang, bogig überhängend, dicht bestachelt • Blüten weiß, Früchte ab August • Waldränder, Gebüsch, auf Lichtungen, Schlagflächen • Bildet dichtes Gestrüpp • Blüten: wichtige Nektarquelle für Schmetterlinge, Hummeln und Bienen • Früchte essbar, Zuchtform in Gärten.

❸ Heidelbeere · Blaubeere

Vaccinium myrtillus

STECKBRIEF 30–50 cm • Zwergstrauch mit kantigen grünen Zweigen • Blätter eiförmig-zugespitzt • Bodenpflanze in Gebirgs-Fichtenwäldern, Kiefern- und Laubmischwäldern, auf Heiden • Schmackhafte Wildfrüchte • Auch als Kulturform • Auch Waldbeere oder Bickbeere genannt.

❹ Gewöhnlicher Seidelbast

Daphne mezereum

STECKBRIEF 50–120 cm • Strauch mit rosafarbenen Blüten direkt an den holzigen Zweigen • Blätter lanzettförmig, glänzend rote Beeren • Laubmischwälder, auf feuchtwarmen Standorten, im Süden häufiger, im Norden fehlend • Alle Teile des Strauchs giftig • Bedrohte und geschützte Art.

❶ Efeu

Hedera helix

STECKBRIEF 1–20 m • Immergrüner Kletterstrauch, Blätter drei- bis fünflappig, im Sonnenlicht wachsende Blätter fast herzförmig • Laubmischwälder, vor allem im Schatten; klettert angepflanzt an Mauern und Fassaden • Blüht im Herbst und trägt im Winter Früchte • Alle Teile giftig.

❷ Wald-Geißblatt

Lonicera periclymenum

STECKBRIEF Bis 20 m • Schlingstrauch mit eiförmigen Blättern • Lange trichterförmige gelblich weiße Blüten, rote Beeren schwach giftig • Laubmischwälder, Waldränder und Gebüsche • Windet sich an Sträuchern und Bäumen empor • Aromatisch duftende Blüten locken Nachtschmetterlinge an.

Wachsen als kugelige Sträucher → auf Bäumen

Mistel

Viscum album

Größe Bis 1 m
Merkmale Kugeliger Strauch, Zweige gabelförmig verzweigt mit je einem Blattpaar am Ende.
Vorkommen Laubwälder, Obstgärten, vor allem auf Pappeln, Apfelbäumen, Linden und anderen Weichholzarten.

→ TYPISCH Wie ein großes Nest sitzt der Mistelstrauch hoch oben auf seinem Wirtsbaum. Als Halbschmarotzer bezieht die Mistel Wasser und die darin gelösten Nährsalze von ihrem Wirt, betreibt aber in ihren grünen Blättern selber Fotosynthese. Ihre Samen werden von fruchtfressenden Vögeln verbreitet, z. B. von der Misteldrossel. Misteln wachsen langsam und können bis zu 70 Jahre alt werden. Die dekorativen Zweige sind als Adventsschmuck beliebt.

BLUMEN & GRÄSER schneller bestimmen

Blumen bilden oft wunderschöne bunte Blüten, um Insekten als Bestäuber anzulocken. Gräser werden vom Wind bestäubt und blühen daher nur unscheinbar.

Die Blumen sind in diesem Kapitel nach Farben sortiert. Blättere direkt zu der Seite, ab der die passenden Arten beschrieben sind.

AB SEITE 99

Bunte Blumen

Die Blütenfarben der Blumen lassen sich grob in die Grundfarben Weiß, Gelb, Rot und Blau einteilen.
⟶ Dazwischen gibt es aber jeder Menge Farbabstufungen von Cremeweiß über Blassgelb und Orange bis hin zu Pink und Violett.

AB SEITE 108

Unscheinbare Blumen & Gräser

Manche Blumen locken Insekten nicht durch ihre Schönheit an, sondern verwenden andere Tricks – wie der Aronstab.
⟶ Gräser dagegen sind gar nicht auf den Besuch von Insekten angewiesen, weil sie vom Wind bestäubt werden. So sparen sie sich aufwendige Blüten.

Jede Blüte trägt 6–8 weiße Blütenblätter und viele gelbe Staubblätter →

Busch-Windröschen

Anemone nemorosa

Größe 10–25 cm
Merkmale Blume mit weißen Blüten aus meist 6 Blütenblättern (manchmal rötlich überlaufen), die einzeln auf einem Stängel sitzen. Blätter mit gesägtem Rand.
Vorkommen Laub- und Mischwälder, sehr häufig. Bildet im März und April mancherorts große Blütenteppiche.

→ TYPISCH Mit den ersten Sonnenstrahlen im Frühling beginnt das Busch-Windröschen seine weiß-gelben Blütenköpfchen aus dem Waldboden zu strecken. Eile ist geboten, denn solange die Bäume noch keine Blätter tragen, strahlt die Sonne bis auf den Waldboden und die kleinen lichthungrigen Pflanzen hinab. Als Speicher- und Überdauerungsorgan dient ein unterirdischer, etwa 30 cm langer Wurzelstock.

Rote Wald-Erdbeeren schmecken köstlich

Wald-Erdbeere

Fragaria vesca

Größe 5–20 cm
Merkmale Blätter mit langen Stielen, Blüten weiß mit 5 Kelch- und 5 Kronblättern.
Vorkommen Laubwälder, lichte Nadelwälder, auch in Hecken und Gebüschrändern.

→ TYPISCH So süß und aromatisch wie die kleinen Wald-Erdbeeren sind die meisten gezüchteten Erdbeeren nicht. Auch im Garten sind die leckeren Wildfrüchte daher Gaumenschmaus und Augenweide zugleich. Das finden allerdings auch Vögel und Schnecken. Über lange Ausläufer bildet die Wald-Erdbeere neue Tochterpflanzen und breitet sich aus. Sie wächst gern auf nährstoffreichen Böden. Aus ihr ist die Monats-Erdbeere als Gartenform entstanden.

Die Kleeblätter können nach unten geklappt werden →

Wald-Sauerklee

Oxalis acetosella

Größe 5–15 cm
Merkmale Blätter typisch dreiteilig, Blüten weiß mit violetten Adern.
Vorkommen Eine unserer häufigsten Waldpflanzen. Laub- und Nadelmischwälder, auf feuchten Böden an schattigen Standorten.

→ TYPISCH Die zartgrünen typischen Kleeblätter schmecken säuerlich und gaben dem Sauerklee seinen Namen. Doch Vorsicht: Die enthaltene Oxalsäure ist schwach giftig. Der kleine, zarte Frühblüher hält den Rekord unter den mitteleuropäischen Schattenpflanzen: Er siedelt auch dort noch, wo ihn nur noch 1% des Sonnenlichts erreicht. Bei starker Sonnenbestrahlung klappt der Sauerklee seine Blätter nach unten, um die Verdunstung über die Blätter und damit Wasserverlust zu vermeiden.

Die Blätter sind grundständig und lang gestielt, ähnlich wie beim Maiglöckchen →

Bärlauch

Allium ursinum

Größe 15–50 cm
Merkmale Die Blätter ähneln denen von Maiglöckchen, weiße Sternblüten an dreikantigem Stängel.
Vorkommen Laubmischwälder, an feuchten, schattigen Standorten, Zeigerpflanze für Grundwasser.

→ TYPISCH Der Bärlauch riecht nach Knoblauch und schmeckt auch so ähnlich. Meist bildet er ausgedehnte Bestände, die weithin zu riechen sind. Im Volksmund wird er auch „Wilder Knoblauch" genannt. Die Blätter sollten vor der Blüte gesammelt werden und können klein gehackt roh oder gekocht gegessen werden. Wegen seines Vitamingehalts war er früher eine begehrte Heilpflanze. Pro Pflanze sollte möglichst nur ein Blatt geerntet werden und zwar ganz unten am Stiel. Der Rest sollte stehen bleiben, damit sich die Pflanze weiterentwickeln kann.

Vor der Blüte ist die Pflanze ganz unscheinbar →

Maiglöckchen

Convallaria majalis

Größe 10–25 cm
Merkmale Blütenstängel von 2 Laubblättern umschlossen, weiße Blüten stehen in einer Traube.
Vorkommen Laubwälder, vor allem in Eichen- und Buchenwäldern, in Schattenlagen blüht die Pflanze nicht.

→ **TYPISCH** **Im Mai erscheinen die weißen, intensiv duftenden Glöckchen an den unscheinbaren grünen Pflänzchen. Maiglöckchen sind der Klassiker zum Muttertag, sein Blütenöl duftet auch in Parfums. Doch wilde Maiglöckchen sollte man bitte stehen lassen! Sie werden von Bienen besucht und bestäubt. Das Maiglöckchen kann sich außerdem durch Ausläufer verbreiten. Vor allem Blüten und Beeren sind stark giftig. Sie enthalten herzwirksame Substanzen.**

In den kleinen Wurzelknollen wird Stärke gespeichert →

Scharbockskraut

Ranunculus ficaria

Größe 5–30 cm
Merkmale Blätter rundlich herzförmig, Blüten glänzend gelb, typischer Frühblüher.
Vorkommen Wälder, Gebüsche, auch in Gärten und Wiesen, bildet häufig große Bestände.

→ TYPISCH Das Scharbockskraut bildet im April wunderschöne gelbe Blütenteppiche, die am Waldboden prangen. Sobald das Blätterdach des Walds zu dicht wird und nur noch wenig Sonnenlicht den Boden erreicht, zieht sich die Pflanze in den Boden zurück und bildet Wurzelknollen als Überdauerungsorgane aus. Der Name der Pflanze leitet sich von Skorbut ab, einer Vitamin-C-Mangelkrankheit, gegen die die vitaminreichen jungen Blätter helfen. Doch Vorsicht: Ältere Blätter schmecken scharf und enthalten Giftstoffe.

❶ Wald-Schlüsselblume

Primula elatior

STECKBRIEF 10–20 cm • Blätter als Rosette am Boden, Blüten hellgelb auf hohen Stängeln, nicht duftend • Laubwälder, Auwälder, Feuchtwiesen, bevorzugt nährstoffreiche, feuchte Böden • Frühe Blütezeit, eine der ersten Nektarpflanzen für Bienen und Hummeln • Ähnlich: Wiesen-Schlüsselblume.

❷ Echtes Springkraut

Impatiens noli-tangere

STECKBRIEF 30–80 cm • Blüten gelb mit langem Sporn, Früchte länglich • Reife Samenkapseln springen bei der kleinsten Berührung auf und schleudern die Samen von sich („Rührmichnichtan“) • Schattenpflanze • Laubwälder, vor allem an feuchten Standorten, an Quellen und Bächen, auch an Waldwegen.

Bildet dichte Bestände auf Brachflächen →

Wald-Weidenröschen

Epilobium angustifolium

Größe 50–180 cm
Merkmale Blätter lanzettförmig, ähneln Weidenblättern (Name), Blüten purpurrot in langen Trauben.
Vorkommen Waldlichtungen, Waldränder, Kahlschläge, Windwurf- und Schuttflächen.

→ TYPISCH Wo der Wald abgeholzt wurde, ist das Weidenröschen zur Stelle. Als echte Pionierpflanze besiedelt sie Kahlschläge, aber auch Schuttflächen, was ihr im 2. Weltkrieg den Namen „Trümmerblume“ eingebracht hat. Jede Pflanze produziert Hunderttausende von Samen, die dank ihres Haarschopfs vom Wind verweht werden. Das Wald-Weidenröschen wird mit Vorliebe von Rehen gefressen und gilt daher als Indikatorart für den Rehwildbestand eines Walds.

❶ Roter Fingerhut

Digitalis purpurea

STECKBRIEF 50–150 cm • Blätter und Stängel behaart, glockenförmige Blüten in langer Ähre • Waldlichtungen und Kahlschläge, dort oft in Massen • Hummeln fliegen in die Blüten hinein und bestäuben sie • Stark giftig, wird aber niedrig dosiert in Form von verschreibungspflichtigen Medikamenten eingesetzt.

❷ Drüsiges Springkraut

Impatiens glandulifera

STECKBRIEF 50–200 cm • Stängel aufrecht, meist unverzweigt, Blätter schmal-lanzettlich, Blüten rot, zu 5–20 in den Achseln der oberen Blätter • Als Zierpflanze nach Europa eingeschleppt • Bildet heute in Auwäldern und Ufergebüschen dichte Bestände • Auch Indisches Springkraut genannt.

Trägt korallenrote giftige Beerenfrüchte →

Gefleckter Aronstab

Arum maculatum

Größe 15–40 cm
Merkmale Blätter pfeilförmig, großes Schaublatt mit Blütenkolben, giftige, rote Früchte
Vorkommen Laub- und Mischwälder, Gebüsche; wärmeliebende Art, im Norden selten.

TYPISCH Der Aronstab umhüllt seine Blüten mit einem großen hellgrünen Schaublatt. Daraus ragt der Blütenkolben heraus, der mit seinem Aasgeruch kleine Mücken und Fliegen anlockt. Diese rutschen an dem glatten Schaublatt hinab und durch eine Reuse in einen Kessel hinein. Hier erhalten die Insekten einen süßen Dank, bestäuben die weiblichen Blüten und werden mit Pollen eingepudert. Wenn die Reusenhaare welken, fliegen sie weiter zum nächsten Aronstab.

1 Riesen-Schwingel

Festuca gigantea

STECKBRIEF 60–120 cm • Mehrjähriges Gras • Halme aufrecht, grün mit bräunlich gefärbten Knoten • Blütenrispe bis 40 cm lang • Schattige Laubwälder und Auwälder • Anzeiger für grundwassernahe, nährstoffreiche Böden • Kann auf optimalen Standorten sehr groß werden und Jungpflanzen überwuchern.

2 Hain-Rispengras

Poa nemoralis

STECKBRIEF 30–80 cm • Horstartig wachsendes Gras • Blätter dunkel, blaugrün, lockere Blütenrispen, oft geneigt • Häufig in Buchenwäldern, lichten Laubmischwäldern, an Waldrändern • Zeichen für mögliche Naturverjüngung des Walds • Wächst, wo auch Buchenkeimlinge gute Chancen haben.

FARNE, MOOSE, FLECHTEN, PILZE schneller bestimmen

In diesem Kapitel findest du Pflanzen, die keine Blüten bilden – etwa Farne, sowie Flechten und Pilze.

Flechten sind eine Symbiose aus Algen und Pilzen. Pilze sind sehr vielgestaltig. Sie sind weder Pflanzen noch Tiere.

Blättere direkt weiter zu der Seite, ab der die passenden Arten beschrieben sind.

AB SEITE 112

Farne

Farnpflanzen haben keine Blüten, sondern vermehren sich durch Sporen.
→ Zu ihnen zählen außer den Farnen mit ihren charakteristischen Wedeln auch die Bärlappe und die Schachtelhalme.

AB SEITE 114

Moose

Die meisten Moosarten gehören zur Gruppe der Laubmoose, die in Stämmchen und Blättchen gegliedert sind. Moospflanzen sind durch wurzelähnliche Haftorgane, die Rhizoide, im Boden verankert.

AB SEITE 116

Flechten

Flechten sind Doppelwesen aus Algen und Pilzen. So kann z. B. eine große Gruppe von Schlauchpilzen nur in enger Verbindung mit lebenden Grün- oder Blaualgen existieren.

⟶ Die Pilze werden von den Algen ernährt, die sie im Gegenzug vor dem Austrocknen durch starke Sonneneinstrahlung schützen.

AB SEITE 118

Pilze

Die Pilze bilden ein eigenes Reich neben Tieren und Pflanzen. Sie sind wie die Pflanzen, zu denen sie lange gerechnet wurden, sesshaft, können jedoch keine Fotosynthese betreiben.

⟶ Pilze sind eine artenreiche Organismengruppe und in Bau und Größe sehr mannigfaltig. Beispiele sind Hutpilze, Schimmelpilze und Hefepilze.

Im Frühling wachsen neue Farnwedel →

Adlerfarn

Pteridium aquilinum

Größe 50–200 cm
Merkmale Wedel drei bis vierfach gefiedert, annähernd dreieckig.
Vorkommen Laub- und Nadelwälder, bildet Massenbestände auf Kahlschlägen und nach Waldbränden.

→ TYPISCH Farne gehören zu den ältesten Landpflanzen der Erde. Sie entwickeln sich aus einem unterirdischen Wurzelstock, und pflanzen sich in einem komplizierten Fortpflanzungszyklus mithilfe von Sporen fort. Der Adlerfarn ist der größte heimische Farn. Er kann in seltenen Fällen sogar bis zu 4 m hoch werden, seine ausladenden Wedel ähneln Adlerflügeln. Wegen seiner tief in den Boden reichenden Stängel übersteht der Adlerfarn auch Waldbrände. Er wird auch in Gärten angepflanzt.

❶ Echter Wurmfarn

Dryopteris filix-mas

STECKBRIEF 30–120 cm • Wedel dunkelgrün, doppelt gefiedert • Wälder, auf lehmigen, nährstoffreichen Böden, weit verbreitet (Ebene bis Bergland) • Wurzelstock früher als Mittel gegen Bandwürmer verwendet (Name) • Wedel vertreiben Fliegen und andere Insekten aus Zimmern und Ställen.

❷ Wald-Schachtelhalm

Equisetum sylvaticum

STECKBRIEF 5–20 cm • Sprossen mit mehreren Etagen aus kleinen Ästen • Laub- und Nadelwälder, auf feuchten schattigen Standorten, Hauptvorkommen in nassen Auwäldern • Gehören als „lebende Fossilien" zur Pflanzenwelt, die vor rund 300 Millionen Jahren die ersten Wälder dominiert hat.

Braune Sporenkapseln auf etwa 2 cm langen Stielen

Zypressen-Schlafmoos

Hypnum cupressiforme

Größe Bildet ausgedehnte flache Rasen.
Merkmale Blätter kräftig grün, glänzend, dachziegelartig angeordnet. Erinnern an Zypressenzweige (Name).
Vorkommen Wälder aller Art, überzieht Bäume, Baumstümpfe, Mauern und Gestein, sehr häufiges Moos.

→ TYPISCH **Moose siedeln am liebsten dort, wo es feucht ist. Sie können ein Vielfaches ihres Eigengewichts an Wasser speichern und sind daher für den Wasserhaushalt des Walds wichtig. Moose kommen mit wenig Licht aus und verbreiten sich durch Sporen, aus denen neue Moospflanzen entstehen. Das Zypressen-Schlafmoos wurde früher in Massen gesammelt und als Matratzenfüllung verwendet. Weil die Art sehr formenreich ist, sind viele verschiedene Unterarten, Varietäten oder Formen beschrieben worden.**

❶ Schönes Widertonmoos

Polytrichastrum formosum

STECKBRIEF 5–15 cm lange aufrechte Stängel • Blätter schmal lanzettförmig • Laub- und Nadelwälder, überzieht den Waldboden • Häufige und auffällige Art • Auch Frauenhaarmoos genannt wegen seiner goldgelben, fein behaarten Sporenkapseln, die aus den grünen Moospolstern herausragen.

❷ Weißmoos

Leucobryum glaucum

STECKBRIEF 5–15 cm lange Stängel • Bildet halbkugelige Polster • Laub- und Nadelwälder, auch in Heiden, auf feuchten Böden, Zeiger für sehr saure Böden • Heißt auch Ordenskissen • Ausgetrocknete Moospolster sehen weißlich aus, werden auch für Kränze oder als Steckunterlage für Blumen verwendet.

Auffällig sind die scheibenförmigen Fruchtkörper mit langen Fransen

Gewöhnliche Bartflechte

Usnea florida

Größe Bis 30 cm
Merkmale Graugrün, weich, reich verzweigt, mehrere ähnliche Arten.
Vorkommen Bergwälder, auf Nadelbäumen und Birken, reagiert empfindlich auf Luftverschmutzung.

→ TYPISCH Wie ein langer Bart hängt die Flechte vom Ast herunter und wird deshalb auch Baumbart genannt. Weil Bartflechten naturnahe Wälder mit sauberer Luft brauchen, sind sie bei uns durch Forstwirtschaft und Luftverschmutzung selten geworden und deshalb geschützt. Flechten sind bemerkenswerte Doppelwesen aus kleinen Pilzen und Algen. Der Pilz schützt die Alge vor dem Austrocknen und bekommt im Gegenzug Nährstoffe von ihr.

❶ Echte Rentierflechte

Cladonia rangiferina

STECKBRIEF Strauchartig wachsende Flechte • Graugrün, verzweigt • Viele ähnliche Arten und Formen • Helle Eichen- und Kiefernwälder, auf Heiden • Rückgang durch Verlust der Lebensräume durch veränderte Bewirtschaftungsformen von Wäldern und Heiden.

❷ Schüsselflechten

Parmelia-Arten

STECKBRIEF Blattartige Wuchsform, je nach Art grüngelb oder blaugrün gefärbt • Rinde von Laubbäumen, weit verbreitet, aber nur in Gebieten mit sauberer Luft vorhanden • Wichtige Zeiger für Luftverschmutzung • Werden auch gezielt als Anzeiger für die Luftqualität genutzt.

Hutunterseite mit weißen Lamellen →

Fliegenpilz

Amanita muscaria

Größe Hut 5–30 cm
Merkmale Hut rot mit weißen Punkten, Lamellen und Stiel weiß.
Vorkommen Laub- und Nadelwälder, oft unter Birken und Fichten, Stiel und Hut erscheinen im Sommer und Herbst.

→ TYPISCH Pilze sind weder Pflanze noch Tier, sondern bilden eine eigene Gruppe. Der allseits bekannte Körper aus Stiel und Hut verbreitet die Sporen und sorgt so für die Fortpflanzung. Doch der eigentliche Pilz besteht aus einem Geflecht aus kleinen Schläuchen (Myzel), die den Waldboden durchdringen und morsches Holz und Pflanzenreste zersetzen. Der Fliegenpilz ist unser bekanntester Giftpilz und kann Rauschzustände bewirken. Gilt als Glückssymbol.

Junge Fruchtkörper: kugelig und hellbraun →

Steinpilz

Boletus edulis

Größe Hut 5–25 cm
Merkmale Hut kastanienbraun, auf der Hutunterseite gelbliche Röhren, Stiel weißlich, jung fast kugelig.
Vorkommen Nadelwälder, häufig unter Fichten, aber auch unter Buchen, von Juni bis November.

→ TYPISCH Für Feinschmecker ist er der König unter den Waldpilzen: Der Steinpilz hat festes, sehr schmackhaftes Fleisch, das sich vielfältig zubereiten lässt und schon seit der Antike äußerst beliebt ist. Die Bezeichnung „Herrenpilz“ stammt noch aus der Zeit, als die gesammelten Steinpilze bei dem „Herren“, also dem jeweiligen Großgrundbesitzer, abgegeben werden mussten. Es gibt mehrere Steinpilzarten, die sich in Hutfarbe und Standort unterscheiden.

❶ Pfifferling

Cantharellus cibarius

STECKBRIEF Hut 3–15 cm • Zunächst halbkugelig, später trichterförmig mit welligem Rand • Oft gegabelte und weit am Stiel herablaufende Leisten • Weit verbreitet in Laub- und Nadelwäldern • Beliebter und bekannter Speisepilz • Rückgang durch Umwelteinflüsse und zu intensives Sammeln.

❷ Stinkmorchel

Phallus impudicus

STECKBRIEF Stiel 20 cm • Hut mit dunkelgrüner, stinkender Sporenmasse, Stiel weiß • Laub- und Nadelwälder, Parks, Gärten • Stinkt nach Aas (Name) und lockt damit Fliegen und Schnecken an • Wenn diese auf dem schleimigen Pilzhut fressen, nehmen sie Sporen mit und verbreiten diese.

❸ Zunderschwamm

Fomes fomentarius

STECKBRIEF Hut 10–30 cm • Hut korkig-hart, oberseits mit Zuwachsringen • Parasitisch auf Baumstämmen, vor allem auf kranken und altersschwachen Rotbuchen • Zunderschwamm glimmt im Feuer sehr lange und wurde früher zum Feuermachen genutzt („brennt wie Zunder“).

❹ Stockschwämmchen

Kuehneromyces mutabilis

STECKBRIEF Hut 3–6 cm • Hut bräunlich mit „Buckel“ in der Mitte, Stiel mit Ring • Baumstümpfe von Laubbäumen, oft in Gruppen, häufiger Sommer- und Herbstpilz • Leisten einen wichtigen Beitrag zur Zersetzung von Holz • Beliebter Speisepilz • Verwechselungsgefahr mit Gifthäubling!

Register

Bildnachweis

Fotos von: **Heiko Bellmann/Frank Hecker** (32): 8 gr, 57 kl, 59 m, 59 u, 62 beide, 63 l, 64 kl, 65 kl, 67 kl, 69 beide, 75 r, 76 r, 77 l, 78 gr, 79 kl, 80 beide, 91 r, 97 gr, 98 u, 105 beide, 107 r, 109 beide, 110 u, 114 kl, 115 beide, 116 kl; **Blickwinkel über Hecker** (5): 30 beide, 32 gr, 45 beide; **Wolfgang Buchhorn/Frank Hecker** (20): 6, 9 r, 12 gr, 14 kl, 23 o, 25 r, 26 beide, 27 beide, 28 beide, 29 gr, 35 beide, 39 beide, 44 beide, 49 l; **Frank Hecker** (164): 7 u, 8 kl, 9 l, 11 kl, 13 beide, 15 beide, 16 beide, 17 beide, 18 beide, 19 beide, 20 beide, 21 beide, 22, 23 u, 24 beide, 25 l, 29 kl, 31 beide, 32 kl, 33 beide, 34 beide, 36 beide, 37 beide, 38 beide, 40 beide, 41 beide, 42 beide, 43 beide, 46 beide, 47 beide, 48 beide, 49 r, 50 beide, 52 beide, 53 beide, 54 o, 55 beide, 56 beide, 57 gr, 58, 59 o, 60 beide, 61 beide, 63 r, 64 gr, 65 gr, 66 beide, 67 gr, 68 beide, 70 beide, 71 beide, 72 beide, 73 beide, 74 beide, 75 l, 76 l, 77 r, 78 kl, 79 gr, 81 beide, 82 beide, 83 beide, 84 beide, 85 beide, 86 beide, 87 beide, 88 beide, 89 beide, 90 beide, 91 l, 92 beide, 93 beide, 94 beide, 95 beide, 96 beide, 97 kl, 98 o, 99 beide, 100 beide, 101 beide, 102 beide, 103 beide, 104 beide, 106 beide, 107 l, 108 beide, 110 o, 111 m, 111 u, 112 beide, 113 beide, 114 gr, 116 gr, 117 beide, 118 beide, 119 beide, 120 beide, 121 beide; Ewald Langer 111 o; 128 beide, Umschlagklappe hinten innen alle. **Eckhard Mestel/Frank Hecker** (8): 7 o, 10 beide, 11 gr, 12 kl, 14 gr, 51 beide; **Frieder Sauer/Frank Hecker** (1): 54 u.

Illustrationen von **Shutterstock** (5): vordere Umschlagklappe (innen) links und rechts oben, S. 2, 3 unten, 4 unten) und **Stefanie Wawer** (4): vordere Umschlagklappe (innen) rechts unten, 4 oben, 5 beide).

Impressum

Umschlaggestaltung von GRAMISCI Editorial Design (Claudia Geffert), München, unter Verwendung eines Farbfotos von Shutterstock © WildMedia.

Die Fotos auf der Umschlagklappe vorne außen und das Foto auf der Umschlagklappe vorne innen links stammen aus dem Innenteil.

Mit 238 Farbfotos und 9 Illustrationen.

Unser gesamtes lieferbares Programm finden Sie unter **kosmos.de**. Über Neuigkeiten informieren Sie regelmäßig unsere Newsletter, einfach anmelden unter **kosmos.de/newsletter**.

DER NATURFÜHRER No.1*

*Quelle: Media Control MC Metis, Deutschland, FY 2021, WG 420 – Natur und WG 422 – Naturführer, Umsatz

FSC www.fsc.org MIX Papier | Fördert gute Waldnutzung FSC® C014889

Gedruckt auf chlorfrei gebleichtem Papier

ISBN 978-3-440-17684-9
Projektleitung: Claudia Salata
Redaktion und Satz: Barbara Kiesewetter, Redaktionsbüro, München
Produktion: Markus Schärtlein
Gestaltungskonzept: GRAMISCI Editorial Design (Claudia Geffert), München
Druck und Bindung: Friedrich Pustet GmbH & Co. KG, Regensburg
Printed in Germany / Imprimé en Allemagne

NABU
NABU
Macht Spaß. Macht Sinn.
Die Natur schützen mit dem NABU. Mach mit!
www.NABU.de/aktiv

Was stammt von wem? Tierspuren im Wald

Tiere im Wald zu beobachten ist manchmal gar nicht so einfach. Sie verstecken sich, sind gut getarnt oder vielleicht auch nachtaktiv, sodass man ihnen tagsüber natürlich nicht begegnet. Aber die meisten Tiere hinterlassen Spuren, die doch so einiges verraten. So weiß man immerhin, wer am Ort des Geschehens war, was das Tier dort gemacht hat – und wo es sich lohnt, sich doch noch einmal auf die Lauer zu legen.

Der Ein-und Ausgang zu einem Fuchsbau. Sie liegen oft dicht beieinander. Unter der Erde befindet sich ein verzweigtes Gangsystem – der Rückzugsort der Fuchsfamilie (S. 14).

Hier hat sich eine ganze Horde Wildschweine gesuhlt (S. 12). Der Schlamm kühlt den Körper und bekämpft lästige Hautparasiten.